I'M AKER i创客

ARDUINO 中文社区

Arduino 智能硬件开发进阶

20 个精选创客制作项目助你从入门到精通

《无线电》编辑部 编

人民邮电出版社

北 京

图书在版编目（CIP）数据

Arduino智能硬件开发进阶 ： 20个精选创客制作项目助你从入门到精通 / 《无线电》编辑部编. -- 北京 ： 人民邮电出版社, 2016.8
（i创客）
ISBN 978-7-115-42792-2

Ⅰ. ①A… Ⅱ. ①无… Ⅲ. ①单片微型计算机－程序设计 Ⅳ. ①TP368.1

中国版本图书馆CIP数据核字(2016)第153441号

内容提要

“i创客”谐音为“爱创客”，也可以解读为“我是创客”。创客的奇思妙想和丰富成果，充分展示了大众创业、万众创新的活力。这种活力和创造，将会成为中国经济未来增长的不熄引擎。本系列图书将为读者介绍创意作品、弘扬创客文化，帮助读者把心中的各种创意转变为现实。

Arduino是如今最流行的开源智能硬件开发平台，也是创客最喜欢的工具之一。它应用广泛，功能强大，降低了学习单片机的门槛，不仅是电子爱好者和电子专业学习人员学习的热门，也受到艺术家、软件开发者的喜爱。借助Arduino，你可以轻松创造出能够进行人机互动的智能硬件和互动艺术作品。

本书选取了来自创客的20个基于Arduino开发出的智能硬件，包括温控风扇、光感应晾衣架、语音控制台灯、点滴计时器、游戏操纵杆、磁悬浮装置、睡眠监测仪、空气数据监测分析盒、智能温室、网络门禁、低成本智能家居、自行车行车电脑、洗袜机、洗鞋机、家庭服务机器人等。读者既可直接仿制，也可从中汲取灵感，创造出新的项目。本书操作步骤清晰、图片简明、可操作性强，内容不仅适合电子爱好者阅读，也适合创客空间、学校开办工作坊和相关课程参考。

◆ 编　　《无线电》编辑部
责任编辑　周　明
责任印制　周昇亮
◆ 人民邮电出版社出版发行　　北京市丰台区成寿寺路 11 号
邮编　100164　　电子邮件　315@ptpress.com.cn
网址　http://www.ptpress.com.cn
北京瑞禾彩色印刷有限公司印刷
◆ 开本：690×970　1/16
印张：7.75　　2016 年 8 月第 1 版
字数：169 千字　　2016 年 8 月北京第 1 次印刷

定价：39.00 元

读者服务热线：(010)81055339　印装质量热线：(010)81055316
反盗版热线：(010)81055315
广告经营许可证：京东工商广字第 8052 号

序

本书的20个精选创客制作项目分别展示了Arduino在不同的应用领域的创意实现，根据不同的应用目的展示了各种传感器和控制器件的配合，在创意参考、基础功能学习及项目管理等方面均有借鉴价值。如温控风扇、语音控制台灯、光感应晾衣架、CLOUD点滴计时器、重力感应遥控器、游戏操纵杆、自动遮阳浇水装置、燃气管道智能监控阀门等展示了热、光、声、重力等传感器及市电控制、电机控制和无线遥控等的应用；GSM控制的LED点阵屏、远程洗手间使用状态指示装置则展示了远程控制和网络的应用；温控风扇、语音控制台灯、光感应晾衣架、自动遮阳浇水装置、手势解锁门禁、网络门禁控制系统、开源低成本智能家居、燃气管道智能监控阀门、低成本打造Boody家庭服务机器人展示了Arduino在智能家居和物联网中的应用；超炫的上推式磁悬浮装置、用体感手柄遥控的二自由度浮动迷宫则展示了一些趣味玩具上的创意；对于懒人而言，则不容错过自动遮阳浇水装置、一道洗袜机、用桌面级3D打印机设计制作洗鞋机。可以看到，虽然只有20个作品的展示，但却是精挑细选，每个作品都在多个方面展示出Arduino的能力和创客的创意。

学习从模仿开始，回想自己学习的经历就是参考很多别人的作品模仿制作，从而熟悉和掌握Arduino；而后自己独立制作项目也有很多时候从别人的作品中获得创意灵感。网上搜集项目作品不易，且作品的实现步骤、完整度、详细度参差不齐，费时费力而参考价值不高。

本书精选的20个Arduino创客项目，均有详细完备的实现步骤，涵盖多种Arduino控制器，难度有易有难，适合不同阶段的学习参考；作品适用范围则从创意玩具到实用设备均有，适合不同需求的创客们参考和获取灵感。

一个人的力量总是有限的，独乐乐不如众乐乐，借助网络的发达，开源社区成为众多创客们聚会讨论和分享创意的首选。

本书多个项目来自于Arduino中文社区（arduino.cn）与《无线电》杂志合办的开源硬件大赛。Arduino中文社区是国内Arduino爱好者自发组织的非官方、非盈利性社区，目前已是国内知名的Arduino讨论社区。社区举办开源硬件开发大赛旨在推广开源文化和创客精神，希望参加比赛的团队不仅可以与他人交流、分享自己的项目，更可以获得专业的技术指导及免费的硬件支持。

在比赛结束之后，我们与《无线电》杂志一起，精选其中优秀的项目刊登于杂志，分多期报道，并在后期集结成册出版，与更多人分享制作的乐趣。我们非常期待下次Arduino项目精选集里有你的作品出现。

MostFun CEO、Arduino中文社区创始人 陈吕洲

2016年5月20日

CONTENTS

目录

语音控制台灯

◇ 杨泓瑜　阮得盼　杨楠

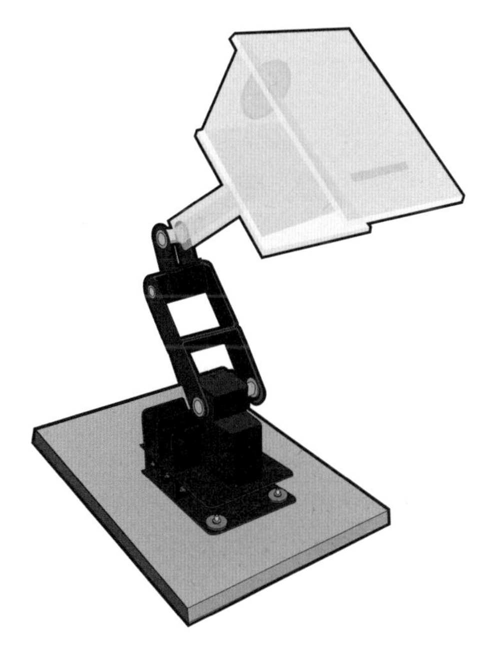

大家在平常焊接电路时，肯定遇到过这样的问题：一手拿着烙铁，一手拿着焊锡丝焊接，在突然改变一个角度后，就把灯光挡住了。放下电烙铁去调整灯光，一是麻烦，二是高温的电烙铁随意一放又很危险。所以，我想到何不设计一款语音控制的台灯？在很多类似的情况中，都可以派得上用场。

1.1　设计思路

有了初步的想法后，我们首先确定具体方案。由于这个创意受到皮克斯动画里开场小台灯的启发，我们给它取名为“皮克斯”。我们初步设想皮克斯台灯要实现语音控制，它可以根据不同的语音命令做出不同的动作，完成上下左右运动、开、关、摇头、点头、跳舞等动作。

1.2　硬件制作

既要实现台灯预想的功能，又要简化加工难度，我们设想直接运用机械臂的结构（见图1.1），在上端用螺丝固定用亚克力板雕刻的灯头。这样既能满足基本的要求，制作起来又方便，而且外观比较简洁、美观。为了保证灯光的充足，我们选用了一组由24个LED组成的灯板（见图1.2）作为光源。信号经过升压模块（见图1.3）升压后，为LED灯提供12V的电源。经过验证，亮度完全能满足使用要求。

■ 图1.1 机械臂支架

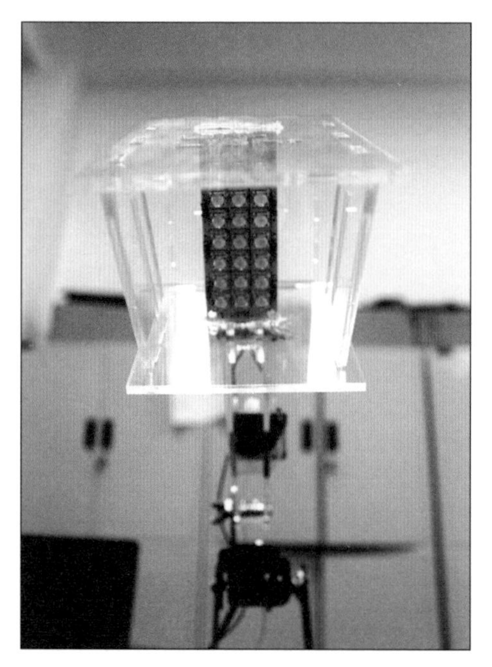

■ 图 1.2 LED 直视图

■ 图 1.3 升压模块

我们选用了Arduino MEGA2560作为主控板，声音模块选用的是DFRobot 中文语音识别模块Voice Recognition（见图1.4）。Voice Recognition是一款非特定人语音识别模块，只需要在主控MCU的程序中设定好要识别的关键词语列表，并动态地把这些关键词语以字符的形式传送到芯片内部，就可以对用户说出的关键词语进行识别，不需要用户事先训练和录音。该模块可以设置50项候选识别句，每个识别句可以是单字、词组或短句，长度不超过10个汉字或者79个字母，可由一个系统支持多种场景，并且可以根据当地一些口音，适当加入方言的拼音组合，这样一来还可以识别当地方言，增加了个性化。而且Voice Recognition语音识别模块采用叠层设计，可以直接插接到Arduino控制板上，用户使用Arduino便可以快速设计产品原型。在声音模块上，我们还加上了一个I/O扩展模块V5，方便舵机的插线。各模块之间的连接如图1.5所示，制作完成的效果如图1.6、图1.7所示。

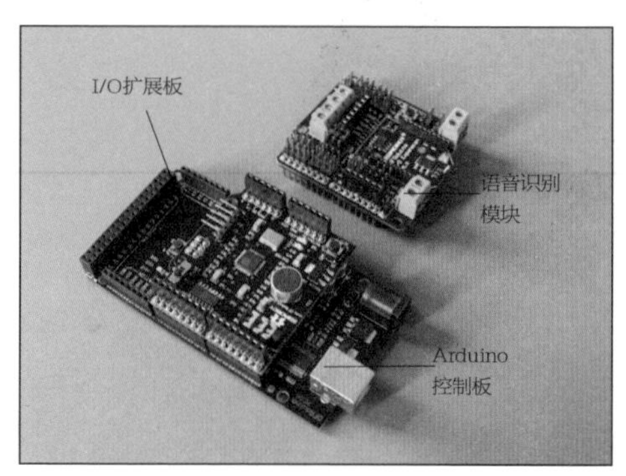

■ 图 1.4 Arduino 控制板、语音识别模块和 I/O 扩展板

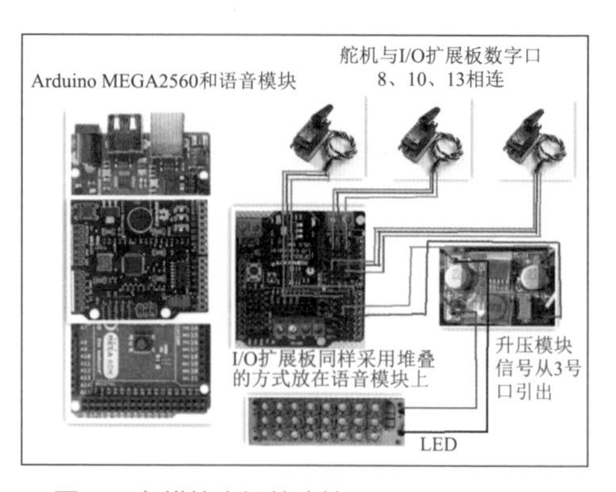

■ 图 1.5 各模块之间的连接

■ 图1.6 制作完成的效果

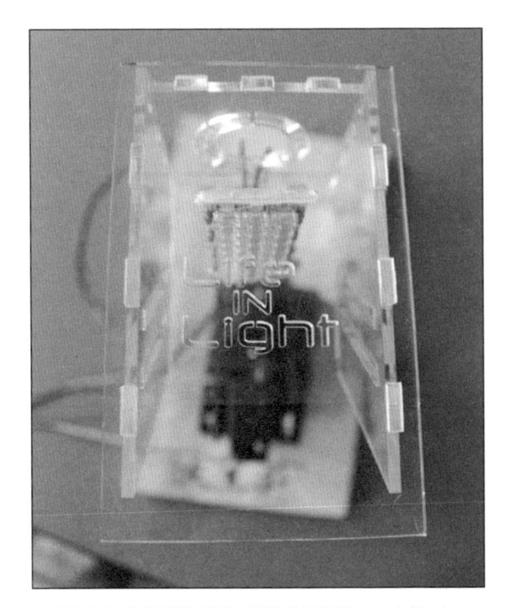

■ 图1.7 在顶端面板上雕刻的装饰——Life in Light

1.3 调试

在设计和硬件制作完成后，就是调试了。台灯的运动由3个舵机协调运动完成。最下面的舵机负责台灯左右旋转，同时还可以做出摇头的动作。中间的舵机不能单独完成动作，必须和其他舵机同时动作才能完成相应的动作，比如前、后这两个动作就要求中间的舵机和最上面的舵机一个正转、一个反转来完成。最上面的舵机可以实现上、下运动，如果将上、下运动连起来就是点头的动作了。另外，3个舵机同时运动，还可以实现一些简单的舞蹈动作，再加上闪烁的灯光，非常具有机械的动感，可完成一些简单的人机互动。但实现整个运动的过程是十分枯燥的，需要反复计算舵机的旋转角度，还要考虑到一些极限情况和特殊情况，也唯有这样，才能保证我们的皮克斯台灯尽可能完美。

我们在调试时发现，由于灯头比重比较大，在运动时容易失去平衡，在放慢舵机运转速度后，问题还是存在。经过商讨，我们决定再加一个木制底座，利用螺丝和垫片固定（见图1.8），稳定台灯。后来又发现在大范围转动时，舵机时常出现震颤的现象，查资料才知道是由于Arduino本身的电流较小，无法支持3个舵机，所以我们又在I/O扩展板上加上了6V的直流电源，问题才得到解决。

■ 图1.8 底座加固

我们的设计还不够完美，还不能够媲美真正的皮克斯台灯，但是现阶段的功能也是很有应用前景的。在 些特殊的场合，如果有可以用语音控制的灯光，就可以增加效率，比如焊接时、牙医做手术时。我们的台灯也适合那些长期坐在办公室里的人，因为皮克斯不仅可以实现语音照明，而且还可以做出一些简单的舞蹈动作，识别一些新潮词语，比如说“江南Style”，台灯就会边闪光，边做出类似骑马舞的动作，实现人机互动，增加产品的互动乐趣性（见图1.9）。我们希望在接下来的优化过程中，能让舵机的运转更加顺滑，并加入台灯能自己学习并识别用户想存入的词汇，并让用户自己设定动作的功能，让互动更加自由化，让台灯表现得更加智能。

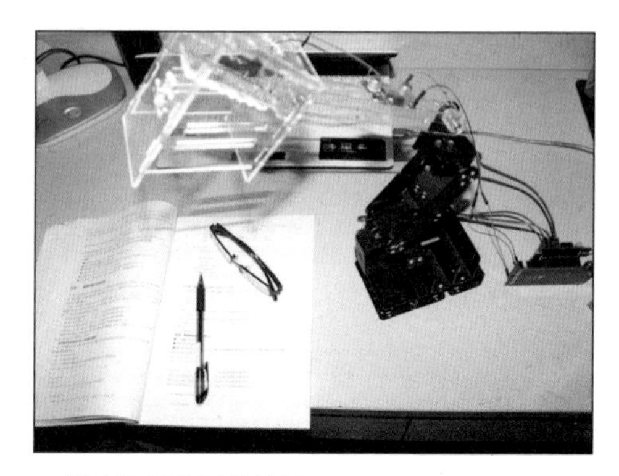

■ 图 1.9 工作时的效果

02 CLOUD 点滴计时器

◇阮煜钊

这款CLOUD点滴计时器的设计灵感来源于医院里一张张熟睡的面孔。当我们在上程序设计课程时，有时要外出考察，而我们选择的课题是医疗用品设计。在医院里，我们看到许多病人在输液时由于不知道什么时候结束，百无聊赖，经常在不经意间睡着，其实这是不安全的。点滴打完后，需要叫护士来换针，不然血容易倒流。于是我们以此为入手点，利用Arduino设计出了一款点滴计时器。这个计时器的工作原理是计算出去皮后的药液重量，再配合计算单位时间内减少的重量，从而得出一个点滴完成的预计时间，通过亮灯或蜂鸣等方式提醒病人，原理十分简单，而且使用方便、操作简便。和医院的医疗人员沟通，也证实了这个设计的可行性与必要性。

我们希望能够关注到用户的小需求，在输液时能给予他们关怀，通过这样的方式让人们在医院能得到更好的体验，使就医这件事变得多一点温暖，少一点冰冷。

2.1 设计历程

历时近两个月的设计过程，可以总结为5个阶段。

❶ 画故事版

学院的课程的主要基点为编程设计，所以得设计流程图。课题要求对“广州大学城里的不方便之处”展开思考，我们着眼于医院，开始从看病难等问题进行想象。故事版如下：大学城某学生深夜身体不舒服，独自去广中医看病，从宿舍前往医院，进行挂号，进入急诊，缴费，拿药，输液，离开医院，再回到宿舍。这些过程都会有时间的推算和问题思考。虽然这类情况比较特殊，但是时常会发生。其实这个故事版主要是想验证医院深夜急诊看病难和输液难的问题。

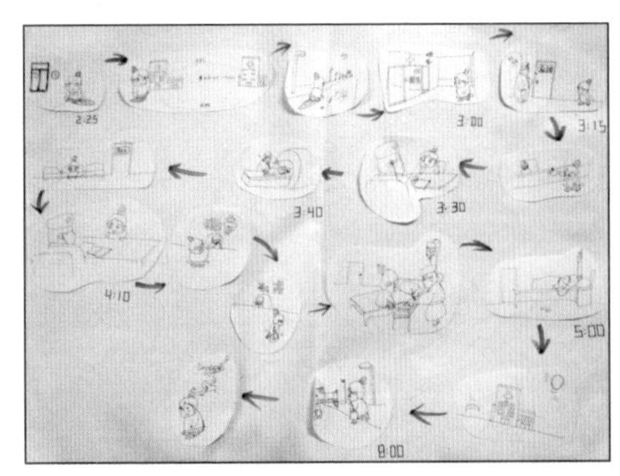

❷ 医院调研

我们到医院进行实地调研，对多个病人从入院到出院的过程进行观察，记录时间、病人行走路线等，发现医院看病难的问题可以排除：病人从挂号到出院的时间大多在20min内，时间较短，而且病人的行走路线相对直顺。而输液难的问题在于人们在输液时因为不知道什么时候结束，经常在不经意间睡着，导致血液回流到针管里，由此产生了这个项目的概念。

❸ 深圳考察

这次考察使我们深入意识到创客在深圳乃至全国的发展，工业生产结构、工业新生力量在我国的变化、成长，这有利于提升我们对产品从构想到实现的过程的认识。

❹ 技术交流

这次项目由广州美术学院与广东工业大学的学生合作完成，在技术方面，双方多次进行讨论。从构想到实现，这是十分关键的步骤。

❺ 原型制作

先是制作电子部分，这个过程比较艰辛，因为广州美术学院的同学是第一次接触这行，在广东工业大学技术成员的帮助下，这才变得相对顺利。然后是外壳的制作，这里采用透明的亚克力是为了更好地观察里面的电子部分的位置和元器件之间的连接。我们把产品的原型做成最简单、最原始的模样，直观表达产品原理。

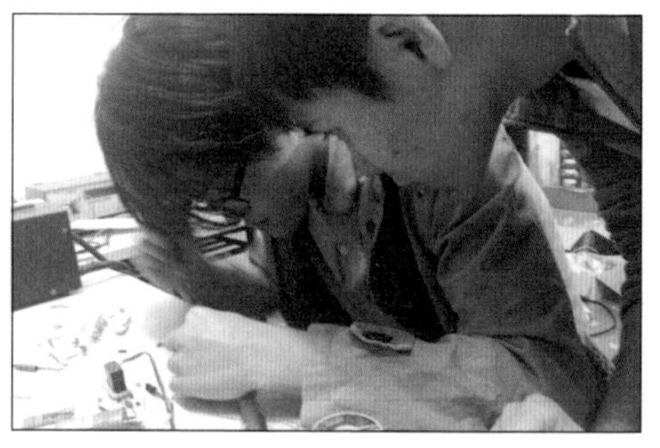

2.2 电子部分

电子部分主要包括：电源、电路开关、清零键、蜂鸣器、吊瓶挂钩以及显示屏（见图2.1）。这些部件连接起来并不复杂，原理也很简单，通过吊瓶挂钩部分的称重模块计算出点滴液单位时间内减少的重量，计算出输液完成的大概时间，并在输液快完成之前通过蜂鸣提醒病人，使病人对输液时间有更好的把握。电路原理示意图如图2.2所示。

2.3 产品原型

将电子部分添上外壳后进行测试（见图2.3），反应迅速，计算精准，效果符合预期。

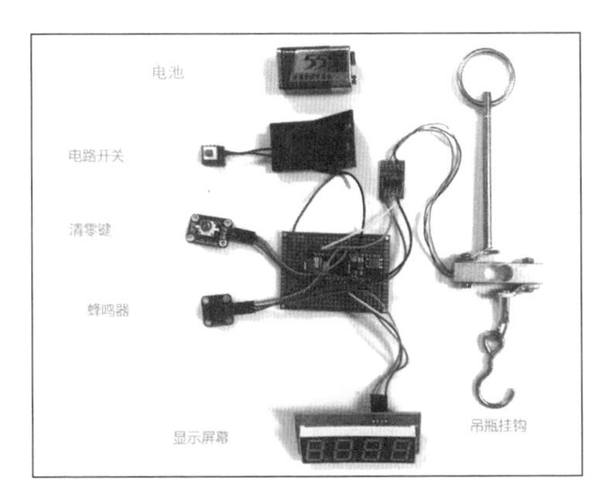

■ 图 2.1 电子部分的构成

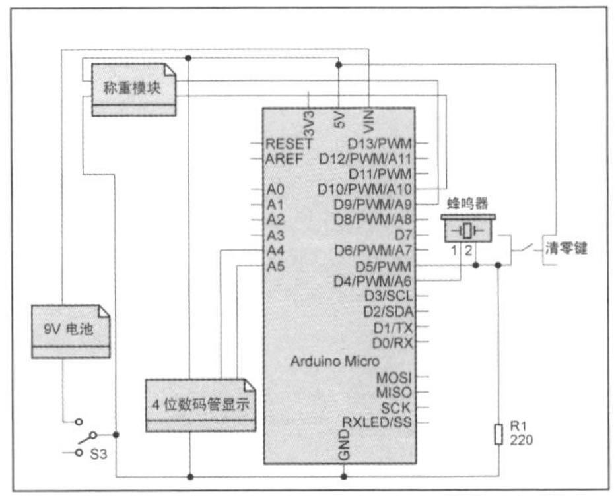

■ 图 2.2 电路原理示意图

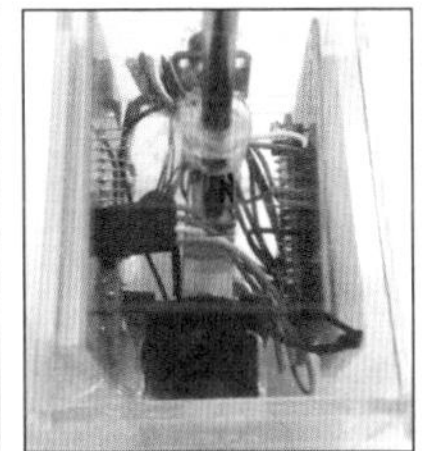

■ 图2.3 产品原型

2.4 理想效果

CLOUD点滴计时器将来作为产品量产的理想效果如图2.4所示，表面只有两个按键——电源键和清零键，使用时有红色的时间显示，不用时屏幕上没有任何显示。整体造型是一朵云，这是我们从十几个造型方案中选出来的，能和谐地融入医院环境。自己设计的产品海报如图2.5所示。

■ 图 2.4 理想效果

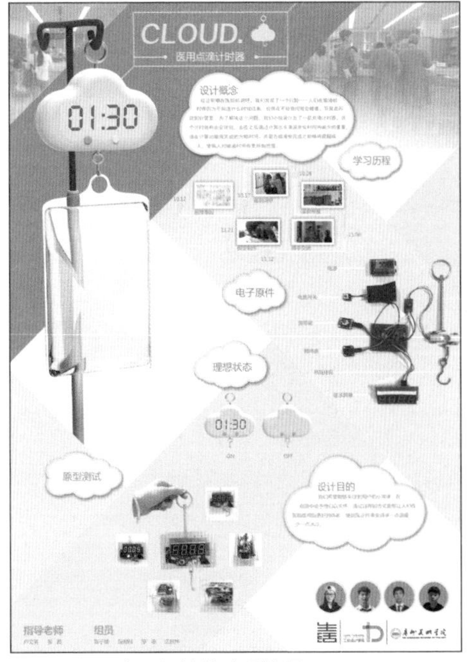

■ 图 2.5 自己设计的产品海报

2.5 代码

```
#include "TM1650.h"
#include <inttypes.h>
boolean state = true;
const int buttonPin = 4;
const int buzzerPin = 5;
#define ALL_ON 0xFF
#define ALL_OFF 0x00
static uint8_t TubeTab[] =0x3F,0x06,0x5B,0x4F,
0x66,0x6D,0x7D,0x07,0x7F,0x6F,0x77,0x7C,0x39,
0x5E,0x79,0x71,};//0~9,A,B,C,D,E,F
uint8_t number[4];// store the numbers to be displayed on four
7-Segment LEDs
TM1650 DigitalLED(A4, A5);//(SDA,SCL)
int bitAddr;//which one LED
int digit;//the digit to be displayed
#include <HX711.h>
HX711 hx(9, 10, 128, 0.0023365);
float weight[10];
int weightIndex = 0;
long timeLeft = 0;
long lastTimeLeft = 0;
void setup()
{
  pinMode(buttonPin, INPUT);
  pinMode(buzzerPin, OUTPUT);
  // put your setup code here, to run once:
  Serial.begin(9600);
  hx.set_offset(195800);
  DigitalLED.begin();
  //DigitalLED.setPoint(1,1);
  float sum = 0;
  for (int i = 0; i < 10; i++)
  {
    sum += hx.bias_read();
    delay(5);
  }
  lastTimeLeft = sum/0.417;
  displayTime(lastTimeLeft);
}
void loop()
{
  if(digitalRead(buttonPin) == HIGH)
  {
    delay(100);
    hx.tare();
    if(state == true)
      state = false;
```

```
    else
      state = true;
    Serial.println( "button state change" );
  }
  double sum = 0;
  for (int i = 0; i < 10; i++)
  {
    sum += hx.bias_read();
    delay(5);
  }
  timeLeft = sum/0.417;
  if(timeLeft < lastTimeLeft)
  {
    //Serial.println(sum/0.417);
    lastTimeLeft = timeLeft;
    //displayWeight(timeLeft);
    if(state == true)
    {
      displayTime(timeLeft);
    Serial.println( "Now is print timeLeft" );
      if (timeLeft < 300)
      {
        delay(50);
        digitalWrite(buzzerPin, 1);
        }
        else
        digitalWrite(buzzerPin, 0);
    }
    else
   {
      displayWeight(sum/10);
      Serial.println( "Now is print weightLeft" );
   }
  }
}
void displayWeight(int Getnumber)
{
  int Thousand;//the thousand of number
  int Hundred; //the Hundred of number
  int Ten;//the Ten of number
  int Bit; //the Bit of number
  Thousand = Getnumber / 1000;//get the MSB
  Hundred = Getnumber % 1000 / 100; //get the hundred
  Ten=Getnumber%1000%100/10;//get the ten
  Bit=Getnumber%1000%100%10/1;//get the bit
  //DigitalLED.setPoint(1, 1);
  //delay(10);
  DigitalLED.display(0, TubeTab[Thousand]);
  DigitalLED.display(1, TubeTab[Hundred]);
```

```
  DigitalLED.display(2, TubeTab[Ten]);
  DigitalLED.display(3, TubeTab[Bit]);
}
void displayTime(int Time)
{
  int Hour_ten, Hour_bit, Minutes_ten, Minutes_bit;
  DigitalLED.setPoint(1,1);
  Hour_ten = Time / 3600 / 10;
  Hour_bit = Time / 3600 % 10 / 1;
  Minutes_ten = Time % 3600 / 60 / 10;
  Minutes_bit = Time % 3600 / 60 % 10 / 1;
  //diaplay hour and minutes
  DigitalLED.display(0, TubeTab[Hour_ten]);
  DigitalLED.display(1, TubeTab[Hour_bit]);
  DigitalLED.display(2, TubeTab[Minutes_ten]);
  DigitalLED.display(3, TubeTab[Minutes_bit]);
  DigitalLED.setPoint(1,1);
}
```

通过 GSM 控制的 LED 点阵屏

◇黄焕林 丁昊

LED点阵屏因亮度高，受外界光条件影响小以及成本相对较低等原因，得到广泛应用，比如街边广告牌、办公场所信息展示屏等。目前市场上的LED点阵屏的显示控制多采用两种方法，一是通过U盘的插拔进行显示信息与数据的更新，二是使用上位机（PC）联网控制。前者信息的实时性较差，后者虽然可以保证实时性，但是成本较高，而且不适合LED点阵屏便携性的应用。

对于控制性上的不足，可以使用通过无线网络控制的方式弥补。有两种方案是比较靠谱和实用的：

（1）点阵屏幕集成GSM模块，接入移动运营商网络，实现远程设备控制；

（2）点阵屏幕集成无线网卡，接入Wi-Fi网络，实现局域网设备对其控制或远程设备对其控制。

两种解决方法中，前者采用的网络覆盖范围广，并且功耗、成本等较低，更符合户外、便携等应用方向。笔者采用Arduino+GSM来实现了第一种方案。

3.1 材料准备

制作所需的材料如图3.1所示。

图 3.1 制作所需模块

❶ 接入 GSM 网络当然需要有 GSM 模块以及可接入和使用运营商服务的 SIM 卡了，笔者采用的 GSM 模块是 SIM900A。

❷ 为了方便调试和级联扩展，笔者没有亲自设计和手焊（否则就得折腾好长时间）点阵屏，选用了一款可级联的 16×16 点阵模块。

❸ 由于脱离上位机，需要有字模数据供显示中文字体，所以使用 SD 卡模块读取 SD 卡内字库数据（笔者制作的宋体 16 点阵字库约 2MB）。

❹ 该设计对 Arduino 的 AVR 单片机没有特殊要求，所以笔者选用了小巧且易测试的 Arduino Nano。

整体系统如图3.2所示。

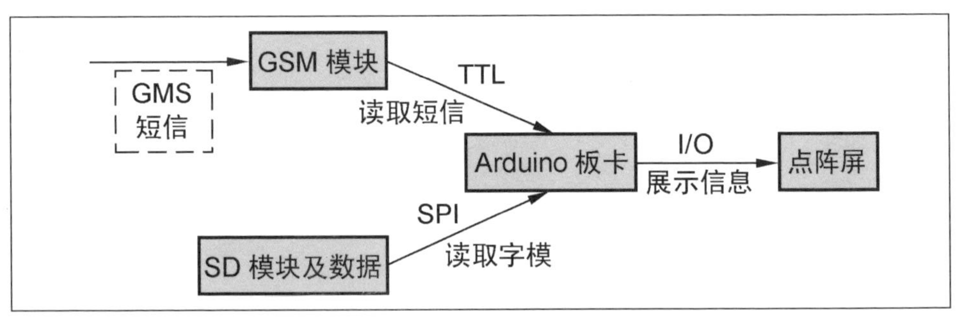

■ 图3.2 系统框图

3.2 采集控制数据

SIM900A 模块是使用串行端口AT指令控制的，这一点和串行蓝牙类似。它与Arduino的连接方式如下：

TXD接SIM900A模块TXD_MCU；

RXD接SIM900A模块RXD_MCU；

5V接SIM900A模块V5-16V输入口；

GND接SIM900A模块GND。

即Arduino Nano串口接至SIM900A模块，与其通信，Nano使用串口发出的数据会被SIM900A 模块响应。此时，如果使用IDE的串口调试器，能监视Nano发出的数据，但不能监视到SIM900A 模块响应的数据，如需调试模块，可以使用PC串口或USBTTL下载器等方式连接SIM900A 模块后进行调试。（注意：为Arduino下载程序时勿连接SIM900A 模块，否则会出现下载错误。）

程序需要在SIM900A 模块正常入网后才运行，所以需要发送如下AT命令进行模块状态检测：

ATE0（回车）：检测模块是否已开机工作，是，则会收到响应“OK”；

AT+CREG?（回车）：检测SIM卡是否已注册，是，则会收到响应“OK”。

当符合正常运作环境要求时，正式进入程序。当然，为了方便检测到新短信，在初始化模块时还会使用以下命令设置短信的自动提醒及格式：

AT+CNMI=2,1（回车）。

如图3.3所示，设置之后SIM卡收到新

短信会有短信位置提示，该响应会发送至Arduino的串口缓冲区，Arduino定时读取缓冲区，即可发现是否有新“指令”。当发现新短信时，发送读取指令可以读取到短信内容，如果能通过校验（如：来自指定号码的短信为控制数据这个规则），即采集新控制数据完成。

■ 图 3.3　向 SIM 卡发送中文短信后的提示

3.3　控制点阵屏

笔者所使用的LED点阵屏是可以无限级联的16×16点阵屏。它与Arduino的连接方式如图3.4所示。

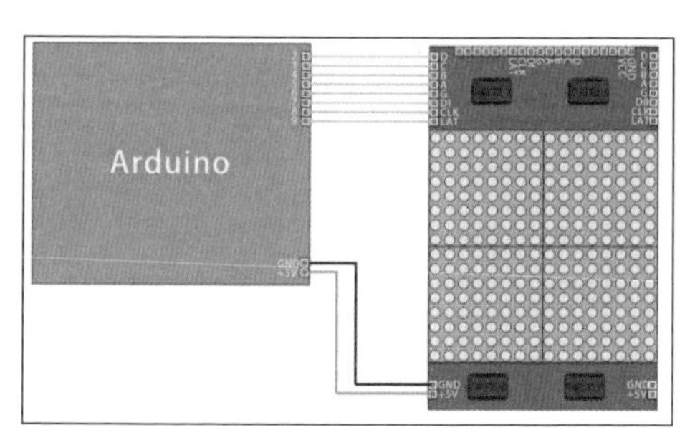

■ 图 3.4　LED 点阵屏与 Arduino 的连接方式

3.4　字模字库数据

该设计的目的是在点阵中显示字符，在此每个字符的点阵数据称为字模，字模集合为字库。那么每个文字需要多少数据来记录呢?

在该屏上，最适合的就是16像素字符了。字符数据中每个LED的状态用1bit记录，1行则为2字节，16行共需32字节。

为方便取模和使用，常用32个16进制字节记录字模。字模在程序中，一般写成的数组形式如图3.5所示。

图3.5示例中为“小”字的字模。当然，Arduino的Flash空间是有限的，以这种方式编写字库远不够收录Unicode（GSM模块输出短信的编码）字库。所以，笔者用批处理导出的方法制作了16像素宋体字库（可到www.radio.com.cn下载，约2MB），将字库存放于储存空间足够的SD卡中，使用Arduino的SD类库即可读取。

GSM模块响应短信数据后，将短信数据划分成字节，按字节计算出每个字符的字模所处字库文件中的储存位置，并读取到SRAM中，即完成字模数据准备。

3.5　小结

从整体看，该方案的实现中，Arduino的“工作”为接收新消息，读取转换出消息

```
37  const unsigned char Word[Num_Of_Word][32] =
38  {
39  0xFE,0xFE,0xFE,0xFE,0xF6,0xF2,0xE6,0xEE,0xDE,0xBE,0x7E,0xFE,0xFE,0xFE,0xFA,0xFD,
40  0xFF,0xFF,0xFF,0xFF,0xBF,0xDF,0xEF,0xE7,0xF3,0xF9,0xFB,0xFF,0xFF,0xFF,0xFF,0xFF,/*"小"*/
41  };
```

■ 图3.5　字模的数组形式

“发布”于点阵屏所需的字模数据，最后将字模数据在点阵屏上“滚动”。制作原型效果如图3.6所示。以此实现了便捷的移动终端远程控制。

该方案还可以调整优化后应用于更多的开发，如一个环境监测实时展示且具有广播公告功能的屏幕，一个消息实时性较强的“公告栏”……为什么不从此展开畅想并且动手制作呢?

图 3.6 制作原型效果

TIPS:16×16点阵模块原理

（1）行选择由2个74HC138组合成的4-16译码器来选择。

（2）列输出由2个74HC595级联而成，通过SPI信号把串行数据转换为并行数据。

当某列输出信号为高电平时候，该列LED阴极为高电平，所以选通行与该列交叉点的LED不亮。相反，列输出信号为低电平时候，该列的LED阴极为低，所以选通行与该列交叉点的LED点亮。

（3）选通一行后，74HC595输出该行数据。

总共16行，依次循环，动态扫描。使16×16的点阵显示出需要的文字或者图形。通过列位移，可以产生文字移动效果。

温控风扇和光感应晾衣架

◇宜昌城老张

现在国内网络上流传的Arduino创意作品大多是纯电子器件的，其实Arduino应用在机器人上是一个重要方向，如何给Arduino电子积木创意工具找到一个百搭性的机械平台，使Arduino的机器人应用可行性更好，是一个需要思考的问题。

网上某些公司和机械加工高手做了一些机械结构件配合Arduino的应用，也可以做出很好的机器人作品，特别是多自由度机器人。但是这些机械结构件百搭性不够，每一个套件也只能完成一两个作品的创建。乐高（LEGO）积木中与机器人相关的是Mindstorms系列和Technic系列，这两个系列中的机械结构件都充分考虑到了机器人原型作品的搭建特点，而且乐高的结构件种类颇多，不需要借助任何特殊的工具，就可以通过双手创意出你希望的作品来。所以我们能不能把丰富的Arduino电子积木与百搭的乐高积木结合起来，扩展Arduino的应用，使Arduino系统可玩性更高呢？这篇文章就想做一下这方面的探索。

4.1 Arduino 控制器与乐高电池盒的结合

首先谈谈Arduino控制器与乐高Technic电池盒结合的问题，通过乐高电池盒给Arduino控制板供电，集成出如图4.1所示的一个体积最小化的Arduino控制系统。

这次创意作品采用的是DFRobot出品的Arduino UNO控制板、XBee传感器扩展板V5和360° 连续旋转舵机。由于舵机

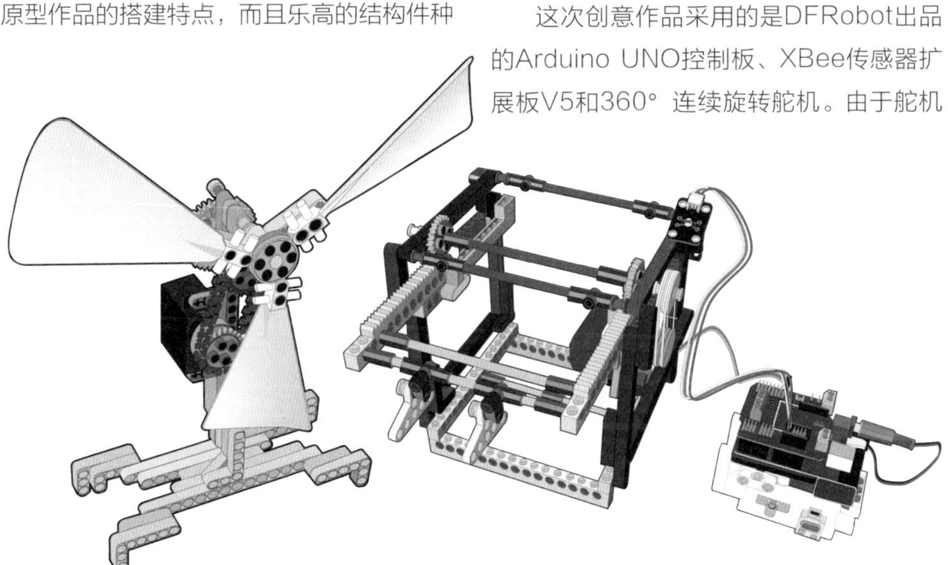

驱动需要较大电流，所以单独给Arduino供电并驱动舵机，会使Arduino控制板上的电源芯片发热甚至烧毁。最好采用两套电源：一套电源用9V方形电池，通过电源线上的插头插到Arduino控制板的圆形插孔中，给Arduino控制板供电；另一套电源用乐高Technic电池盒单独给Arduino控制板上层叠的传感器扩展板上的舵机电源端子供电，来驱动舵机，XBee传感器扩展板可以自动隔离两套电源。记住舵机供电电压不能超过7.2V，在乐高Technic电池盒里，我装上了6节5号充电电池，每节充电电池的最大电压是1.2V，6节电池的电压正好小于7.2V。

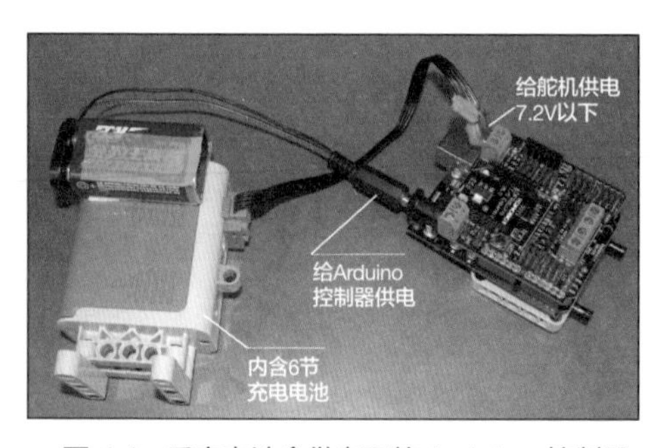

■ 图 4.1 乐高电池盒供电下的 Arduino 控制器

乐高Technic电池盒的电源线由4根线组成，最边上的两根线是电源的VCC线和GND线，参见图4.2。至于哪根线是VCC线，哪根是GND线，用万用表量一下，就可判断出来了。然后我用红、绿电工胶布分别标识了电源线的正、负极，并把没用的另两根线绝缘了。

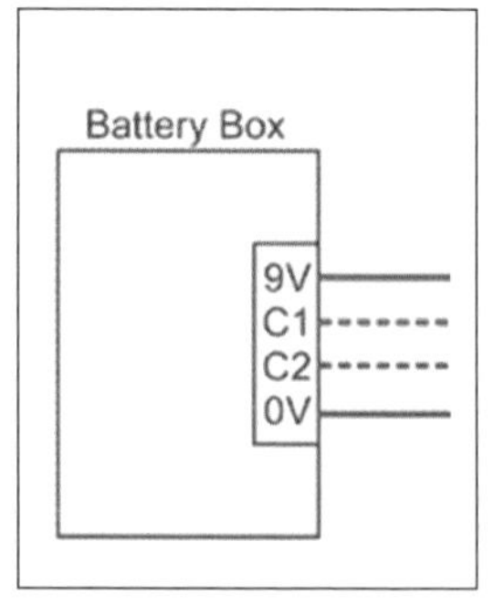

■ 图 4.2 乐高 Technic 电池盒电源线的组成

观察Arduino控制板上安装孔的位置和距离，找到匹配的乐高结构件，把它们的孔位对准，用螺丝、螺母紧固，于是Arduino控制板与乐高结构件也结合起来了，如图4.3所示。

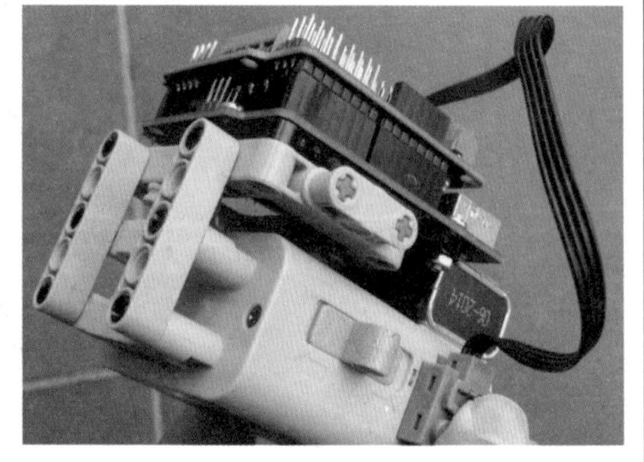

■ 图 4.3 Arduino 控制板与乐高结构件的结合

4.2 舵机与乐高结构件的结合

乐高的皮带轮零件与舵机圆盘连接器的孔正好可以对上，我用了两个自攻螺丝把它们连接起来，然后通过皮带轮零件的十字孔和周围的圆孔来连接其他乐高零件，于是皮带轮零件就成了舵机的输出轴，如图4.4所示。这个输出轴可以带动任何乐高结构件（负载）转动，例如乐高风扇和皮带运输机等。

■ 图 4.4 舵机与乐高结构件的结合

舵机有很多规格，但所有的舵机外接的3根控制线，分别用棕、红、橙3种颜色进行区分，棕色为接地线，红色为电源正极线，橙色为信号线（由于舵机品牌不同，颜色可能会有所差异）。把舵机的控制线插接在XBee传感器扩展板的数字端口上，插接方向要根据扩展板的标注来确定。把棕色线插在GND端子上，把红色线插在VCC端子上把橙色线插在D端子上。

4.3 温控风扇作品制作

这次的温控风扇就是Arduino与乐高结合的尝试，电控完全靠Arduino，机械完全靠乐高，两者通过360° 连续旋转舵机来接口，如图4.5所示。

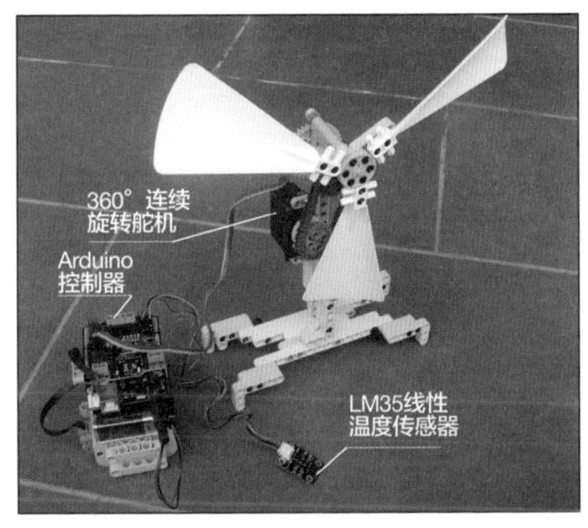

■ 图 4.5 温控风扇全景图

实验任务是：用手指温度捂热 LM35线性温度传感器，当Arduino控制器采集到的温度值超过32℃时，给舵机发出驱动命令，舵机带动风扇旋转，如果手指移开传感器，过一会儿，传感器表面温度下降，则风扇停转。

LM35线性温度传感器是基于半导体的温度传感器。 LM35线性温度传感器可以用来检测周围空气的温度。这个传感器是由美国国家半导体公司生产，检测温度范围为0~100℃，输出电压与温度成正比，灵敏度为10mV/℃。它是典型的模拟量传感器，可以直接用analogRead()命令把温度数据采集到Arduino控制器里进行处理。

而360° 连续旋转舵机则采用servo.write（speed）命令来驱动，speed值的范围是0~180。如果speed值为93，则舵机停转；如果speed值为0，则舵机全速正转；如果speed值为180，则舵机全速反转。连续旋转的舵机，执行myservo.write(90)，舵机的速度可能不为0。我手头的舵机，执行myservo.write（93），舵机的速度才为0。

由于普通舵机的输出轴与机械结构件孔位之间的距离不是乐高孔距的整数倍，舵机输出轴与机械结构件之间无法直接用乐高齿轮来传动，所以我采用了如图4.6所示的链轮机构，不仅可以解决传动链安装问题，而且由于两个链轮之间被链条包裹起来了，传动刚度也得到了加强。

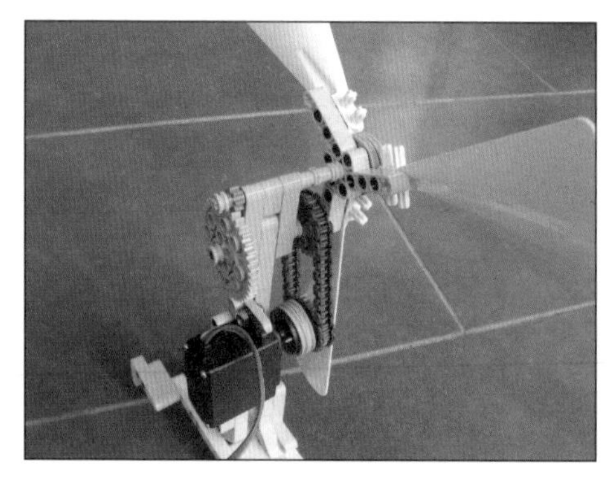

■ 图 4.6　温控风扇传动链的安装细节

4.4　光感应晾衣架作品制作

光感应晾衣架这个作品所完成的任务是：当光敏电阻检测到有阳光照射时，衣架在舵机的带动下伸出；如果你用手遮住光敏电阻，模仿天色变暗，衣架便会收起，具体构成如图4.7所示。

■ 图 4.7　光感应晾衣架全景图

光敏电阻可以用来检测周围光线的强度，它的阻值随光线的明暗变化而变化，转换出来的输出电压也随之变化，黑暗中将输出一个较高的值。

光感应晾衣架作品用到的电控设备有4个，分别为：Arduino UNO单片微机控制板、XBee传感器扩展板、360° 连续旋转舵机和光敏电阻，如图4.8所示。

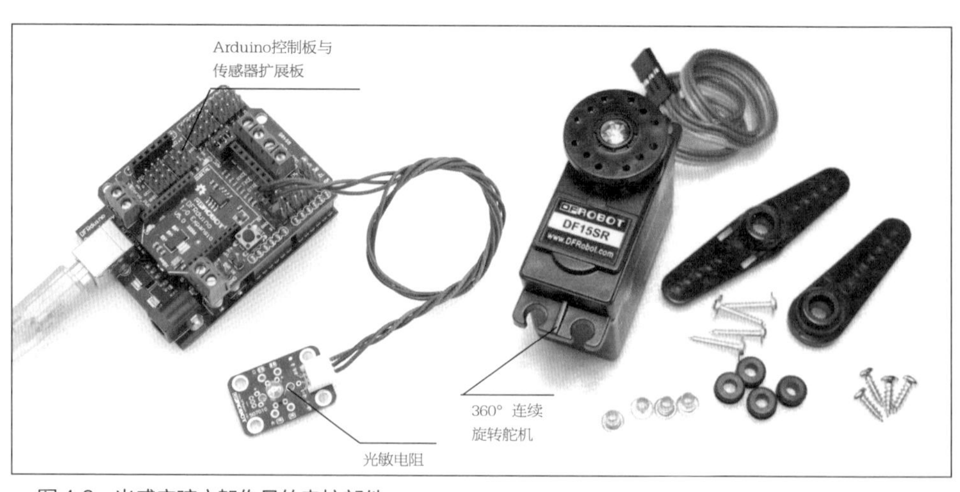

■ 图4.8　光感应晾衣架作品的电控部件

光感应晾衣架主体部分的搭建，参见图4.9。从机械结构上看，360° 舵机带动皮带轮机构，使齿轮齿条机构工作，齿轮在固定的轴上旋转，驱使齿轮的齿与齿条的齿啮合，导致齿条在导轨上前后滑动，于是衣架也随之伸出或收起。

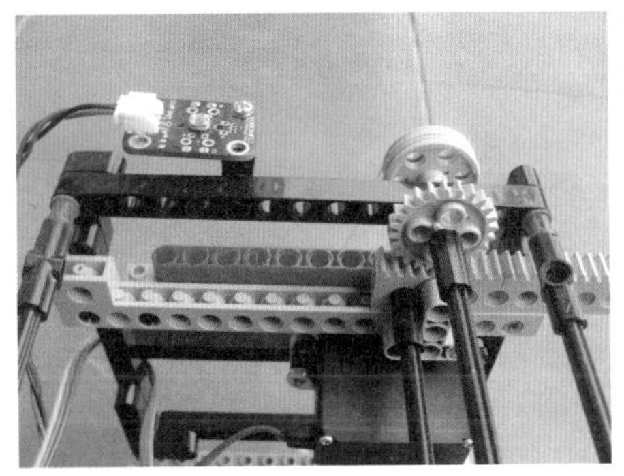

■ 图4.9　光感应晾衣架的主体部分搭建

一个机电一体化作品，不仅需要电控设备的选择和软件程序的编制，而且还需要机械结构的设计和制作，三者缺一不可。一个较为复杂的机械机构的设计，虽然体现不出什么高深的理论，但需要许多经验和大量的实践，并不是一件容易的事。

我经常使用ArduBlock软件进行编程，感觉很好用，直观形象，编程工作仿佛变成了拼图游戏，一个个模块按照你的逻辑不断“咔咔”地拼接在一起，如果拼接能严丝合缝，就不用担心出现语法错误；但是否出现编程逻辑错误，就看你是否经过了适当的编程训练了。

现在我用中文版ArduBlock软件，根据任务要求，编写了图形化的程序，如图4.10所示，注意看，模块标识和程序注释都是简体中文的。这里也给出光感应晾衣架的Arduino程序，可以与ArduBlock程序对照来看。

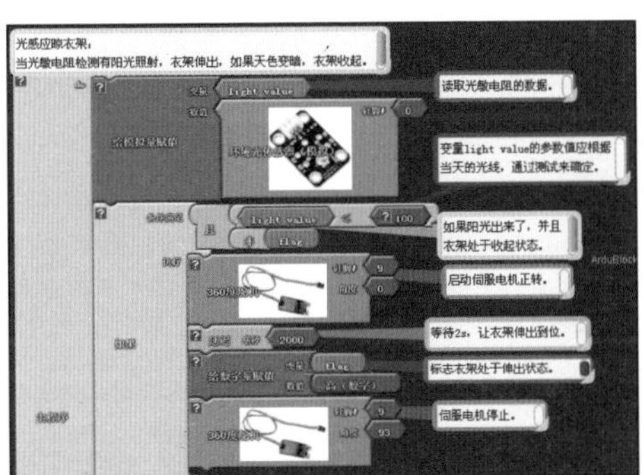

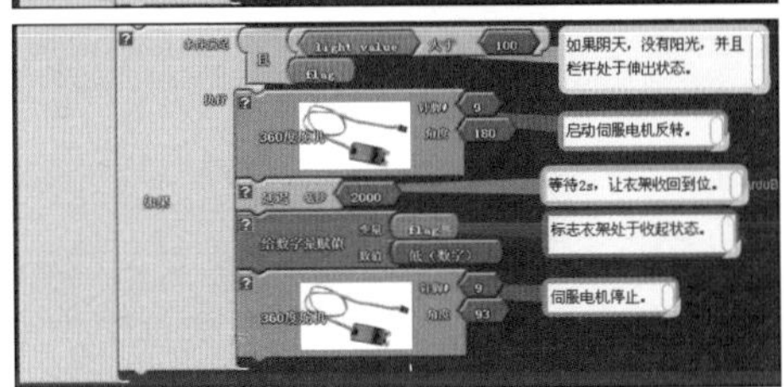

■ 图4.10　光感晾衣架作品的 ArduBlock 程序

温控风扇 Arduino 程序

```
#include <Servo.h> // 声明伺服舵机函数库
Servo myservo;// 定义伺服舵机对象
// 初始化
void setup()
{
  myservo.attach(9);// 初始化 9 号数字量端口来控制舵机
  myservo.write(93);// 舵机停转
}
// 主程序
void loop()
{
  int val;
  int dat;
  val=analogRead(0);// 采集连接在 0 号模拟量端口上温度传感器的数据
  dat=0.488*val;// 把从传感器采集的数据正比转换为温度值
  //Serial.println(dat);
  if(dat>32)// 如果温度值大于 32℃
  {
    myservo.write(180);// 舵机全速旋转
  }
  else// 否则
  {
    myservo.write(93);// 舵机停转
  }
  delay(500);// 延时 0.5s
}
```

光感应晾衣架 Arduino 程序

```
#include  <Servo.h> // 声明伺服舵机函数库
Servo myservo;  // 定义伺服舵机对象
int sensorPin =0;// 声明光敏电阻传感器连在模拟量端口 0
int flag=0; // 声明变量，存储衣架伸出或者收起的标志
int light_val;// 声明变量，存储光敏电阻模拟量数据
// 初始化
void setup()
{
  myservo.attach(9);  // 初始化 9 号数字端口来控制舵机
}
  // 循环执行主程序中的指令
void loop()
{
  // 光敏电阻，天色光线越弱，采集得到的光敏电阻数据越大
  light_val=analogRead(sensorPin); // 读取光敏电阻的数据
  // 如果阳光出来了，并且衣架处于收起状态
  if (light_val<=100 && flag==0)
  // 变量 light_val 的参数值应根据当天的光线，通过测试来确定
  {
```

```
    myservo.write(0); // 启动舵机正转
    delay(2000); // 等待2s，让衣架伸出到位
    flag=1; // 标志衣架处于伸出状态
    myservo.write(93);  //舵机停止
  }
  //如果阴天，没有阳光，并且栏杆处于伸出状态
  if(light_val>100 && flag==1)
  {
    myservo.write(180);// 启动舵机反转
    delay(2000);// 等待2s，让衣架收回到位
    flag=0; //标志衣架处于收起状态
    myservo.write(93);// 舵机停止
  }
}
```

4.5 结束语

MIT（美国麻省理工学院）的Neil Gershenfeld教授提出了“个人制造”的概念：计算机主机从占地百十亩、重量几十吨到小得一个桌上能摆好几个，这个桌面革命用时不到几十年，在不久的未来，自己用计算机芯片做小玩意将是下一个桌面革命。

他判断那些造价昂贵且具有巨型计算机主机的专业工具，也会像当年几十吨的主机渐进到当今几千克的个人计算机一样，变得能够让普通人轻易接触，从而让人人都能拥有和操作工具，制造属于自己的计算机，或者任何东西，甚至自己在家里造一台iPhone。

现在Arduino和乐高套件都是“个人制造”的好工具，这类工具有计算机控制器、电机、传感器，还有工程机械构件，用它们可以制作出你设计的个性化“计算机”。

由个人制造的计算机设备，跟商用PC的最大不同在于，它可以是任何你所希望的形状，有着为你量身定做的功能。也就是说，它不再是全功能的设备，只为处理某件对于我们特别重要的事项而诞生，甚至它不再被叫作计算机，而是温控风扇或者光感应晾衣架。

05 自制游戏操纵杆

◇谢林宏

每次玩《鹰击长空》（见图5.1）时，都觉得通过键盘操纵的体验不是很真实，如果有一套操纵杆，就会使人感觉更像是在驾驶战机。为了体验制作的乐趣，我就用一个Arduino Leonardo和两个Joystick摇杆，外加几个按键和其他零零碎碎的小东西DIY了一个《鹰击长空》游戏操纵杆，效果还不错。制作所用的零件见表5.1。

制作的原理是：用右边的摇杆模拟鼠标，左边的摇杆以及各个按键模拟键盘。为了实现模拟鼠标、键盘的功能，必须选用Arduino中的Leonardo版本。

■ 图 5.1 《鹰击长空》游戏画面

演示视频：http://v.youku. com/v_show/id_XNzk3NDk0MjMy.html?from=s1.8-1-1.2

表 5.1 制作所用的零件

序号	名称	图片	备注
1	Arduino Leonardo		
2	Joystick 摇杆 ×2		用来测量操纵杆的倾斜，摇杆帽是不需要的，将其拔下了就好。两个摇杆的电压信号将会输入Arduino 的模拟口 A1~A4
3	DS-316 按通开关 ×8		作为各个按钮
4	限位开关 ×2		用来制作扳机
5	废弃的手电		作为油门杆的把手
6	廉价塑料玩具枪		用来制作驾驶杆，黄线以外的部分全部扔到垃圾桶

图5.2所示这个家伙就是操纵杆，由于作者搬宿舍导致左边的油门杆折断，只能从以前的视频里截图得到原貌了。

■ 图 5.2　操纵杆全貌

本制作模仿美式操纵杆，即左侧为油门杆，右侧为驾驶杆的侧杆布局。油门杆控制战机的油门，前推为加油；同时还代替脚蹬控制偏航，即油门杆左倾则令战机向左偏航，取消了脚蹬。驾驶杆控制飞机的俯仰和滚转。

5.1　制作过程

❶ 拆除手电里面的东西，在底部钻孔，安装两个按钮，以便在使用时让左手拇指负责切换武器（导弹 / 炸弹种类），按钮的引脚焊接一些导线引出，每个按钮会引出 2 根线。小提示：导线要足够长。做到这里，你还需要从你的房间或者厨房里随便找一根棍子连接这个把手和 Joystick 摇杆。连接把手和摇杆有点麻烦，需要一点点耐心和智慧，反正笔者是直接用 502 胶水和热熔胶粘合的。这样油门杆就算制作完成了。

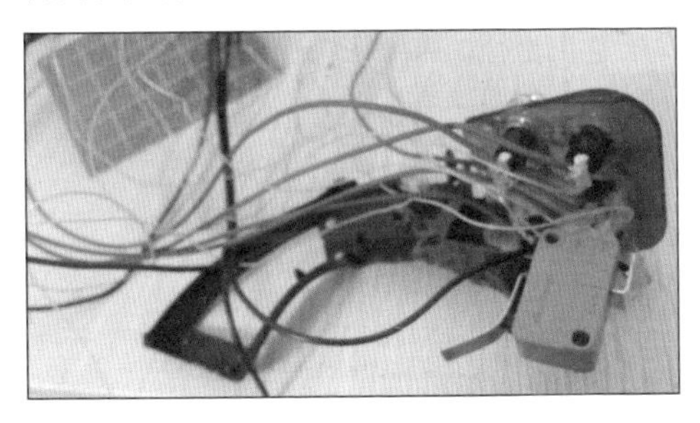

❷ 掰弯限位开关的金属柄，如图所示安装到于枪扳机的位置。找一块小木板，钻孔后安装5个按钮，再把小木板粘合到枪柄上。注意枪柄左侧还开孔安装了最后一个按钮。所有的线从枪柄底部引出，枪柄底部又得靠读者们的聪明才智连接到另一个Joystick摇杆上。

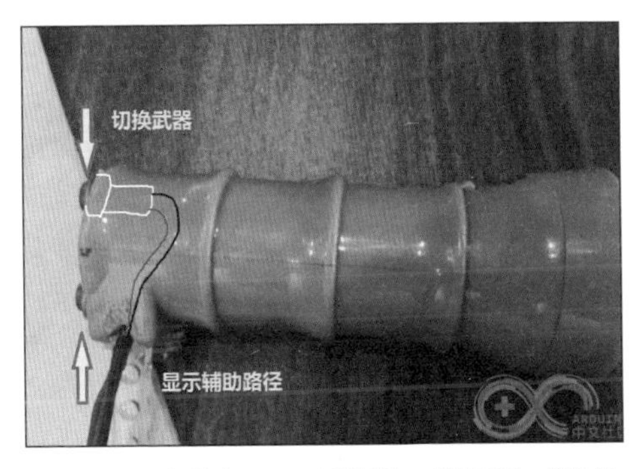

❸ 右手食指扣下 1 号限位开关即为“机炮射击”，顶 2 号限位开关为“发射红外诱饵弹”。右手拇指则可以按下各种功能键：3 号键为“开启 / 关闭失速保护”，4 号键为“僚机进攻”，5 号键为“地图”，6 号键为“导弹发射”，7 号键为“切换视角”，8 号键为“僚机防御”。当然，这些按键功能都是可修改的，只需在程序中修改这些按键所代替的键盘按键就行。

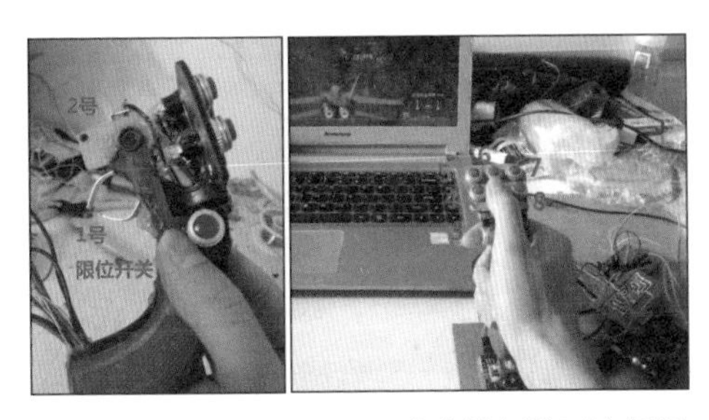

❹ 如果没有上拉电阻，这些按钮将不会起任何作用。还记得每一个按钮都引出了两条导线吧？现在，每个按钮的其中一根导线都要接地，另一根导线则接上拉电阻和 Arduino 的

I/O 口。笔者把这些上拉电阻都焊接在一块洞洞板上，再焊一排排针，以便像扩展板一样直接叠在 Arduino 上。所有开关 / 按钮和摇杆的电源均来自 Arduino，而 Arduino 可以外接电源，也可以直接由计算机 USB 口供电。

5 最后只需要找一块木板，用热熔胶将制作好的油门杆、驾驶杆、Arduino 和上拉电阻都固定住。往 Arduino 里面烧入程序就可以了。

5.2 使用方法

在正式开始使用这个作品之前，应该先定义各个按钮和开关的功能。将Arduino用编程线和计算机连接后，新建一个记事本文件，按下任意一个按钮，记事本就会被写入一个字符，或者呈现鼠标左键/右键单击的效果。通过修改代码最前面的定义部分来逐个修改按键的定义。

比如按下驾驶杆的6号按键，记事本显示输入“F”，则表明6号按键接到了Arduino的7号数字I/O口，这时把程序中的“int rightButton = 6”改为“int rightButton = 7”就可以使驾驶杆的6号按键变为鼠标右键。另外，油门杆的摇杆虽然输入的是模拟量，但在程序内将会被当作4个按键，摆动油门杆到一定幅度，就会在记事本上显示字符。

需要注意的是，笔者修改了《鹰击长空》游戏中的按键功能，而且程序是修改了游戏按键功能之后写的，读者需要根据游戏中默认的按键功能修改程序，改变I/O口对应的键盘字母；或者反过来，根据程序中的对应关系来修改游戏中的按键功能。《鹰击长空》的默认按键功能如图5.3所示。

希望这个作品能让大家开飞机开得更开心。

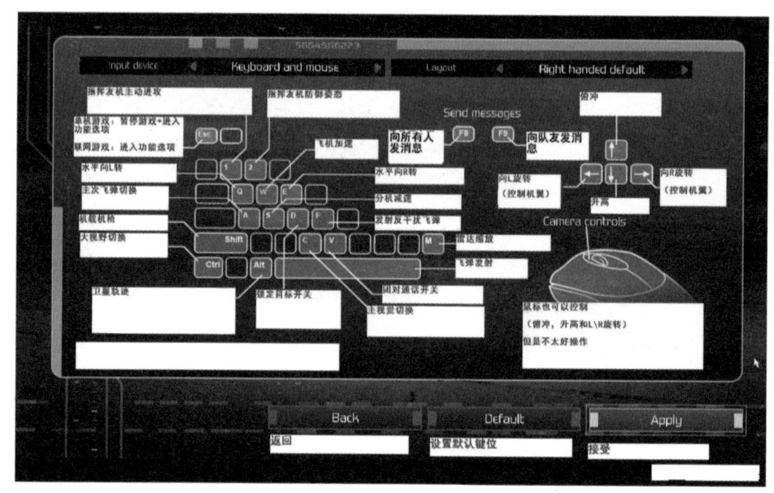

■ 图 5.3 《鹰击长空》的默认按键功能

重力感应遥控器

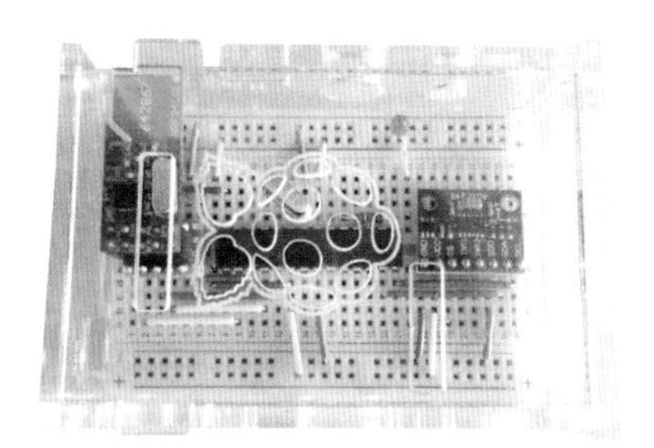

◇黄亚丹

我翻出一块ADXL345三轴加速度模块，感觉用它来做动作控制很不错，于是又找了两块nRF24L01无线模块来制作重力感应遥控器。我想把遥控器做成通用的，可以不用更改遥控器程序就能适用于各种需要动作控制的场合，比如小车的遥控、机械臂的遥控。需要准备的材料见表6.1。

表 6.1 材料准备

序号	名称	数量
1	ADXL345 三轴加速度模块	1
2	nRF24L01 无线模块	2
3	任意型号的 Arduino 控制板	1
4	ATmega328p 单片机	1
5	16MHz 晶体振荡器	1
6	510Ω 电阻	1
7	3mm 红色 LED	1
8	洞洞板	1
9	面包板	1
10	带开关的 3 节 7 号电池盒	1
11	适合放下面包板的外壳	1
12	7 号电池	若干
13	2.54mm 排座及排针	若干
14	U 形面包板连接线	若干
15	测试用的小车（包括相应的 Arduino 控制板）	1
16	测试用的机械臂（包括相应的 Arduino 控制板）	1

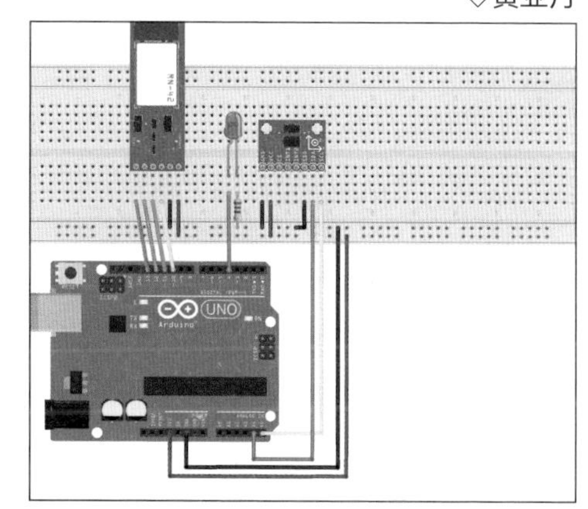

图 6.1 电路连接示意图

6.1 制作步骤

6.1.1 遥控器的制作

1 由于 nRF24L01 模块的引脚不适合在面包板上使用，因此需要采用洞洞板、排针及排座焊接一个转换座。

② 按照电路连接示意图（见图6.1）搭建电路，先在 Arduino 控制板上测试，以方便下载程序及串口调试。

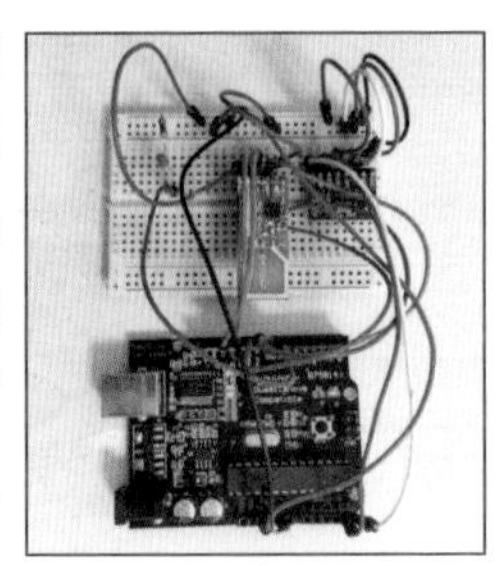

③ 程序测试通过后，用 U 形线制作最终的面包板版本。

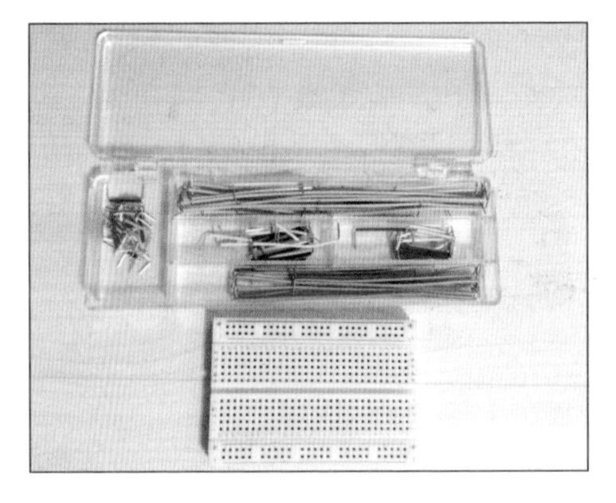

④ 接好线后准备元器件，把 ATmega328p 单片机插到 Arduino 板上下载好程序再取下，直接安装到面包板上，这样作品比较小巧，也显得更像是一个整体。

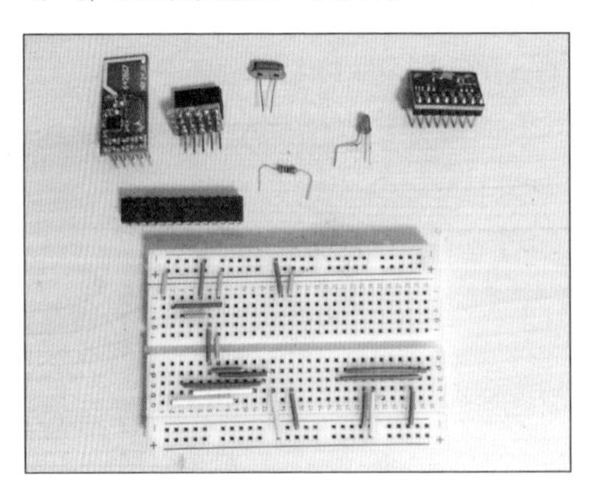

⑤ 三下五除二，接好了。

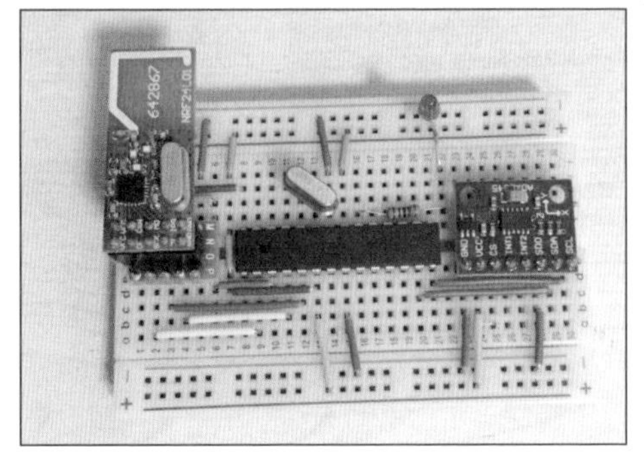

⑥ 要有个外壳才显得专业，没想到树莓派的外壳非常合适，简直像量身定做的一样。

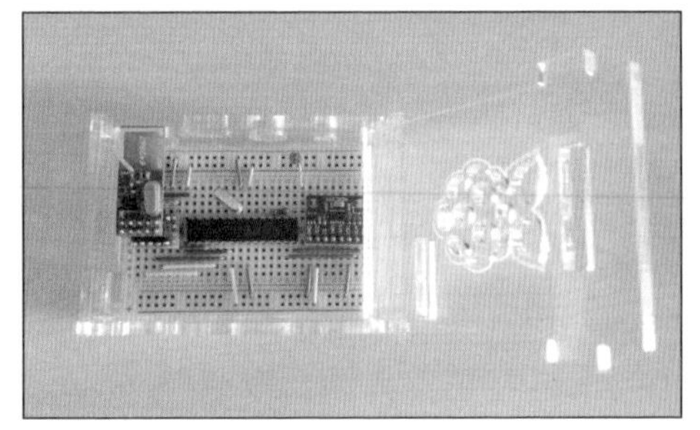

⑦ 用电池盒供电，把盖子粘在一侧。盒体能方便地取下，装上电池。

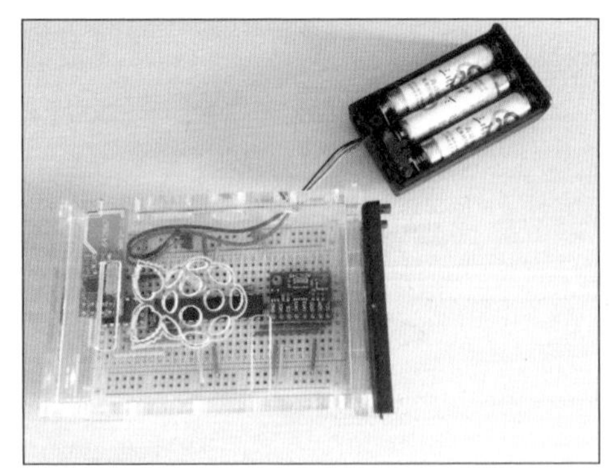

8 装好电池盒的效果。

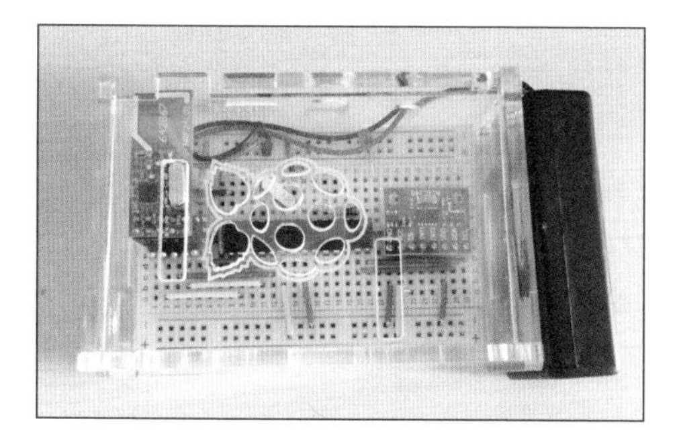

6.1.2 小车的准备

1 在小车的Arduino主控板上接上nRF24L01无线模块。

2 给小车装上电池。

6.1.3 机械臂的准备

在机械臂的Arduino主控板上接上nRF24L01无线模块。

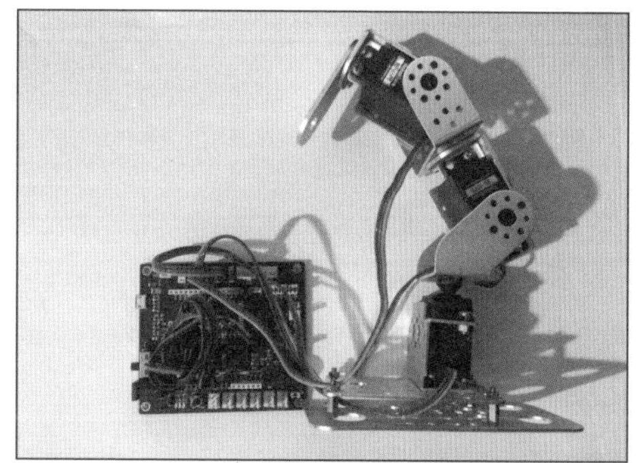

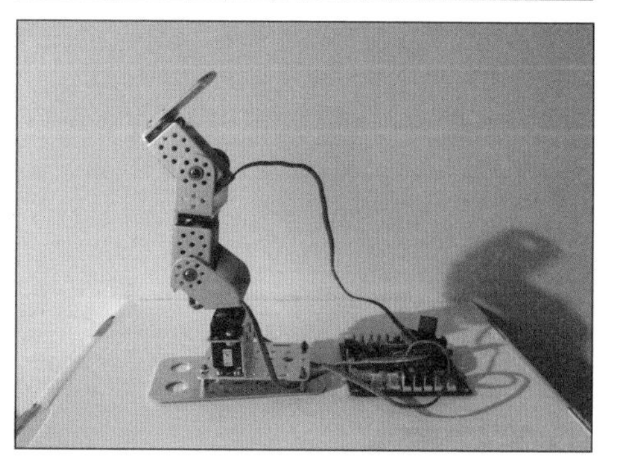

6.2 程序编写

遥控器的程序主要就是获取ADXL345的数据，通过nRF24L01发送出去。发送的数据为原始的三轴加速度数据，以方便接收的部分根据自己的需要进行处理，从而使得对于不同的遥控对象，遥控器也不需要调整，达到通用的目的（见图6.2）。

小车及机械臂的程序则是获取nRF24L01传来的三轴加速度数据，通过计算得知遥控器的姿态，从而控制自己动作（见图6.3、图6.4）。

对于nRF24L01的操作，请参考Arduino官网的介绍，可以使用前人做好的Mirf库：http://playground.arduino.cc/InterfacingWithHardware/Nrf24L01。

对于ADLX345的操作，我自己傻傻地写了一个类来处理（见图6.5），后来发现Adafruit也提供了一个库来操作，有兴趣的朋友可以自行搜索。

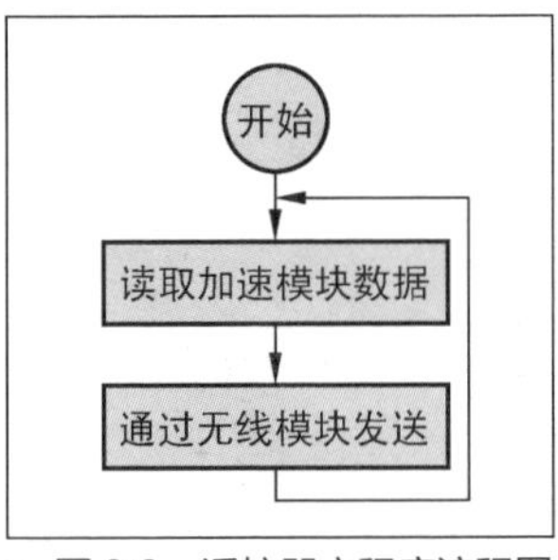

图6.2 遥控器主程序流程图

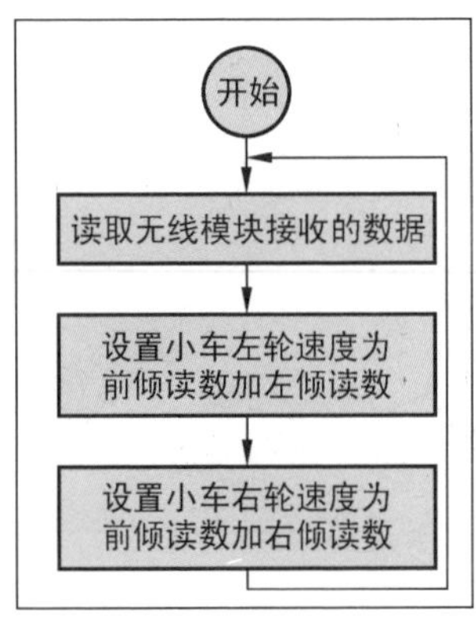

图6.3 小车主程序流程图

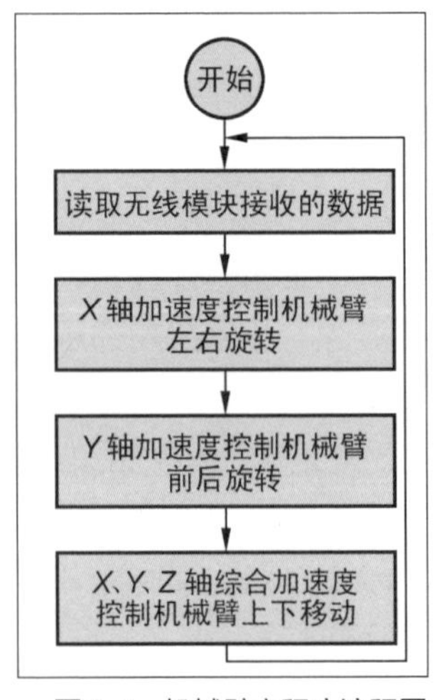

图6.4 机械臂主程序流程图

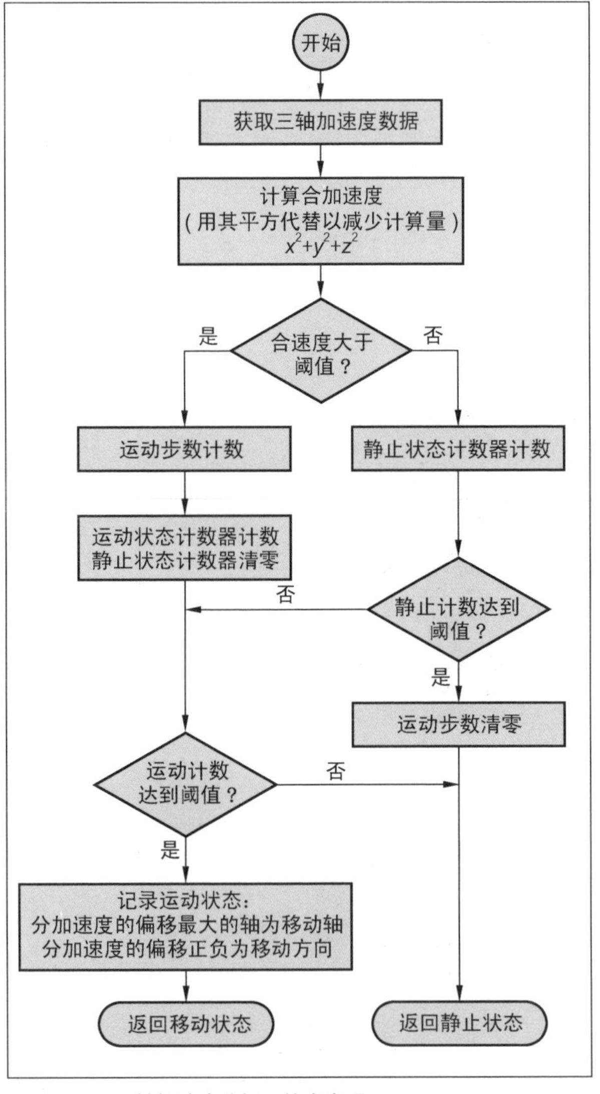

图6.5 三轴加速度分析器的类实现

程序比较长，下面只简单列出各个主程序及较主要的类的实现，完整工程可到《无线电》杂志网站www.radio.com.cn下载。

遥控器主程序代码片段：

```
void loop()
{
 if (Mirf.isSending())
 return;
 data.data = adxl.getAcceleration();
 Mirf.send(data.buf);
 delay(100);
}
```

小车主程序代码片段：

```
void loop()
{
 if (Mirf.isSending() || !Mirf.dataReady())
{
 return;
}
Mirf.getData(data.buf);
// 方向
//
// ^ y
// |
// +--> x
car.setSpeedLeft(data.data.y + data.data.x);
car.setSpeedRight(data.data.y - data.data.x);
```

机械臂主程序代码片段：

```
void loop()
{
 int axisDir, steps;
 //如果没有接收到数据，则闪烁指示灯
 if (Mirf.isSending() || !Mirf.dataReady())
   {
     digitalWrite(pinLEDStatus, LOW);
     delay(2);
     digitalWrite(pinLEDStatus, HIGH);
     return;
   }
   Mirf.getData(data.buf);
   // 方向
   //
   // z  ^ y
   //   \ |
   //     +--> x
   //x 控制底部舵机
   //y 控制顶部舵机
   //x、y、z 的合加速度一起控制顶部和中部电机达到平稳上下移动的目的
   smoothX.addData(data.data.x);
   smoothY.addData(data.data.y);
   if (analyzer.analyze(data.data.x, data.data.y, data.data.z, axisDir,
steps))
   {
```

```
    if (axisDir > 0)
    {
      arm.moveUp();
    }
    else if (axisDir < 0)
    {
      arm.moveDown();
    }
  }
  arm.setBaseServoAngle(map(smoothX.getAverage(), -80, 80, 0, 180));
  arm.setTopServoAngleWithBalance(map(-smoothY.getAverage(), -80, 80, 0, 180));
}
```

三轴加速度分析器的类代码片段：

```
// 分析数据
// 传入 x、y、z 的重力分量进行分析
// 由引用参数来返回哪个轴的哪个方向（1、2、3 表示 x、y、z 轴，正负表示方向）
// 由引用参数返回当前已经移动的步数（有可能一开始检测到时，已经移动了若干步了，这与阈值设置有关系）
// 返回 true 表示有移动，返回 false 表示没有移动
bool GravityAnalyzer::analyze(int x, int y, int z, int &axisDir, int &steps)
{
 ong sumSquare, deltaSumSquare;
 int  deltaXYZ[3];
 bool positive;
 sumSquare   = (long) x * x +(long) y * y + (long) z * z;
 deltaSumSquare = abs(sumSquare - avgSumSquare);
 positive = sumSquare > avgSumSquare ? true : false;
 // 如果与静止状态的差额达到阈值，则认为在移动，否则认为是静止状态
 // 移动后期，在准备停下来时，加速度正在改变方向，这时候的差额有可能小于阈值，接着差额又会向反方向增大
 // 所以在判断为是静止状态时有一个计数作为过渡，未超过这个计数时，仍然是在运动过程
 if(deltaSumSquare > thresholdValue)
 {
  ++deltaCountOk;
  deltaCountNg = 0;
  }
  else
  {
    ++deltaCountNg;
    if (deltaCountNg > MAX_COUNT)
    deltaCountNg = MAX_COUNT;
    if (deltaCountNg >= timesToClear)
    {
      // 当小于阈值的计数大于一定数值时，认为回复到静止状态
      deltaCountOk  = 0;
      axisDirection = 0;
      return false;
    }
  }
  if (positive)
  {
    ++positiveTimes;
```

```
    negtiveTimes = 0;
  }
  else
  {
    ++negtiveTimes;
    positiveTimes = 0;
  }
  // 达到阈值的计数若还未超过阈值计数，有可能是一些噪声，所以要累计到一定值后才确认为有效
  if (deltaCountOk < thresholdTimes)
  {
    return false;
  }
  // 在第一次检测到移动时判断是哪个轴向的移动并记录之
  // 由于以后的同一移动有可能会发生变化（比如在移动减速到反向加速度时，其他轴的加速度可能会大于实际移动轴方向的加速度）
  // 所以只在第一次检测到有效移动时记录，后面不再判断和记录
  // 注：做测试数据放到 Excel 中生成折线图可以直观地分析不同的移动方向的数据特征，有助于理清思路
  if (axisDirection == 0)
  {
    deltaXYZ[0] = x - avgX;
    deltaXYZ[1] = y - avgY;
    deltaXYZ[2] = z - avgZ;
    axisDirection= maxIndex
    (abs(deltaXYZ[0]), abs(deltaXYZ[1]),
    abs(deltaXYZ[2]));
    // 根据轴来检测方向
    if (deltaXYZ[axisDirection - 1] < 0)
    axisDirection = -axisDirection;
  }
  axisDir = axisDirection;
  // 处理移动步数
  // 从 Excel 的折线图来看，只有 z 轴的负向变化会造成平方和下降
  //（因为 z 轴有重力在，从而向下移动造成合加速度减少；其他轴负向的变化取平方后还是正值，合加速度增大）
  // x、y 轴的移动均造成平方和正向增长
  // 所以只有下移会用到负的步数，其他均是正的步数
  // 当 steps 为 0 时，说明该方向的移动已经停止
  if (axisDirection == -3)
  steps = negtiveTimes;
  else
  steps = positiveTimes;
  return true;
}
```

遥控车视频 http://www.tudou.com/programs/view/tQYf8OUwaQs

遥控机械臂视频：http://www.tudou.com/programs/view/pF6MRzChWd8

07 超炫的上推式磁悬浮装置

◇薛加民

使用模拟电路（如果电路中的电信号用一串二进制数字来代表，那么它就是数字电路；而如果电路中电信号是一个连续变化的值，那么它就是模拟电路。如今的电子产品绝大部分都是数字电路）来做PID控制是一件不容易的事情，需要对各种电子元件的脾气秉性了如指掌。相反，如果使用数字电路，则事情大大简化了，我们可以通过给单片机编程来实现PID控制。下面我们就用Arduino制作一个看起来超炫的上推式磁悬浮装置。

图7.1展示了这个装置完成以后的样子。当时我决定开始尝试这个制作，也是受了动力老男孩制作的“盗梦陀螺”的影响。《无线电》杂志2011年2月号还专门刊登了一篇由动力老男孩写的制作文章，从文章中读者可以找到详细的步骤，以及其他爱好者尝试制作时遇到的困难与解决方法。下面我就概括性地介绍这个制作的主要组成部分。

7.1 制作过程

整个制作的想法是不难理解的：一块小磁铁无法悬浮在另一块磁铁之上，因为空中的小磁铁在水平方向上是不稳定的。但是如果我们能够在小磁铁试图向旁边开溜的时候，给它一个推力把它拉回到平衡位置，那么小磁铁就有望稳定悬浮了。这里我们需要同时留意小磁铁在水平的X和Y两个方向上的运动，所以需要两路传感器，两组电磁铁（这就是在图7.1第一幅图中间位置看到的4个墨绿色柱状物）。

图 7.1　上推式磁悬浮实物图

制作开始于构建底座磁铁，如图7.2所示，我用10个圆饼形的稀土磁铁用透明胶粘成一个圈，它们都是南极朝上（也可以都是北极朝上，即只要求它们的相同极指向同一个方向），您也可以直接买一个环形磁铁。把这个底座磁铁做好以后，您可以用手把另外一块稀土磁铁放在圆环中间，它也是南极朝上（即它和底座磁铁的磁极指向同一个方向），就能感觉到底座对它的排斥力了。要注意，底座必须是环形磁铁或如图7.2所示的类似环形磁铁的结构。这样悬浮在空中的磁铁就不会感受到让它翻转的力矩（你亲自用手尝试一下就明白了）。如果底座是一整块磁铁的话，空中的磁铁除了会向两边溜走，还有翻身的危险，这样我们的控制电路就要变得更加复杂了。

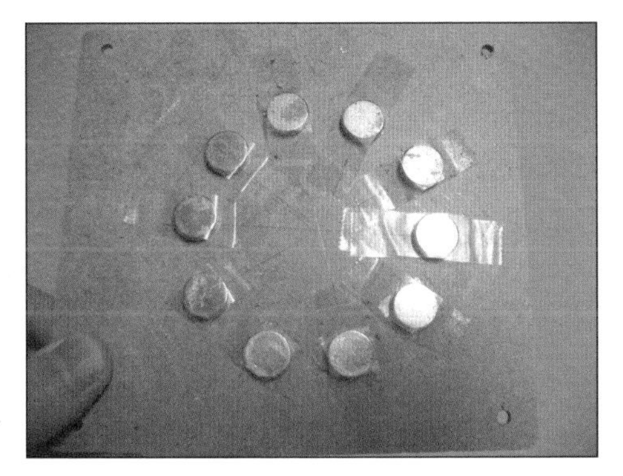

图 7.2　底座磁铁粘贴在一块木板上

底座做好以后，就是绕制4个电磁铁，每个电磁铁我用了12m长、直径0.4mm的漆包线绕制，绕好以后电阻为1.5Ω。电磁铁的高度要比磁铁悬浮高度低0.5cm左右（磁铁悬浮高度可以用手把小磁铁放在底座之上进行粗略的估计）。大家可以从网上买到塑料的电磁铁骨架（不能是铁制的），或者如图7.3所示自制一个。我的骨架是从一根铅笔上锯下来的一小段，然后在两头用乳白胶粘贴上两块硬纸片做成的。这样虽然费点事，但是其高矮、大小完全是量身订做，流露出低调奢华的气质。

电磁铁绕好以后，用双面胶粘在已经用另一块硬纸板盖住的底座磁铁之上，如图7.4所示。注意它们相对于底座磁铁的圆心对称排列，然后把焊接有两个直插式霍尔传感器3503的小洞洞板粘贴在4个电磁铁之间。霍尔传感器处于电磁铁半腰的高度，这样由于电磁铁产生的磁场基本平行于霍尔传感器的表面，从而不会影响它们的读数。两个传感器成直角排列，它们相交处位于底座磁铁的圆心。这样，当传感器A测量到悬浮的小磁铁向左偏离平衡位置时，Arduino就会通知电路让电磁铁A1和A2通电，并且A1向右排斥小磁铁，A2向右吸引小磁铁，让它回到平衡位置。所以电磁铁A1和A2是串联在一起的，并且通电时极性相反，B1和B2也是如此。

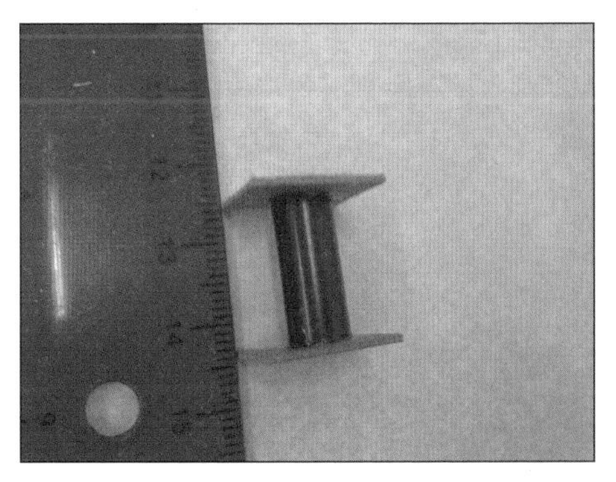

图 7.3　自制电磁铁骨架。图中数字单位为厘米(cm)

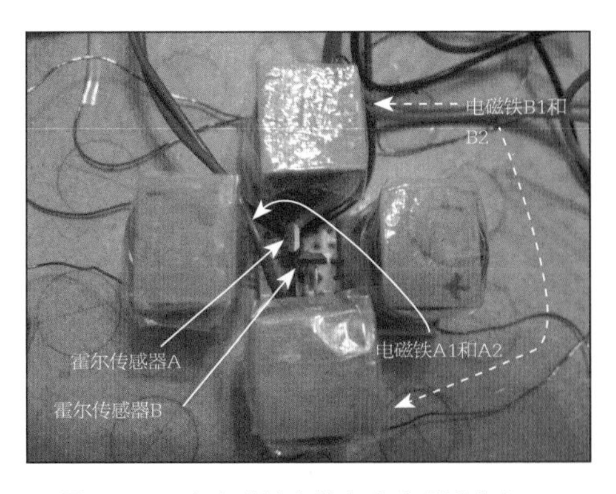

图 7.4　4 个电磁铁安装在底座磁铁之上

然后我们来看如何读取从霍尔传感器得到的电压。这是通过一个简单的放大20倍的运放电路实现的，如图7.5所示。运放LM358的正输入端连接两个变阻器，它们是用来调节悬浮的小磁铁处于平衡点时的参考电压。虽说小磁铁的平衡位置大致位于底座的圆心之上，但是通过这两个变阻器我们能够细微地调整它在水平方向的位置。

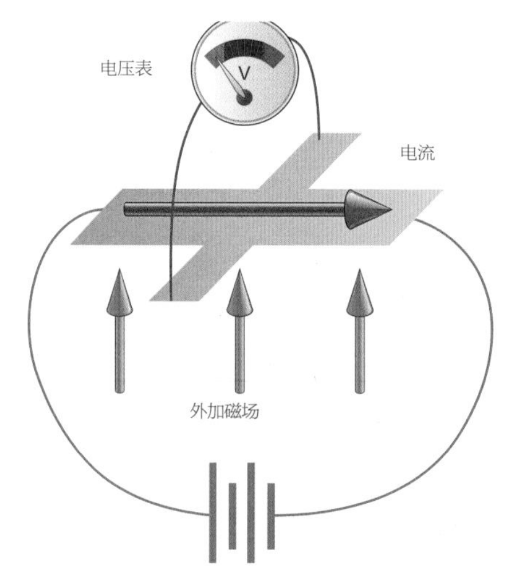

图 7.5 读取霍尔传感器的电路

接下来就是用Arduino的Analog Read来读取霍尔传感器电路送出的电压值（对应于悬浮小磁铁的水平位置），然后通过PID控制算法来维持小磁铁处于平衡位置时对应的霍尔传感器的电压值。Arduino不能直接控制电磁铁中的电流，而是需要通过L298N驱动板，它正好可以控制两组电磁铁。具体的线路连接请读者参考开始提到的动力老男孩的网站和文章。

电路连接好以后，就是一段长长的考验耐心的调试时间。这里需要调节的参量包括硬件和软件部分。硬件部分是两个变阻器输出的参考电压，软件部分是PID控制中的比例增益和微分增益（此处无需积分增益），其中的迷惑、沮丧以及喜悦只有您亲自尝试才能体会。各种调试的细节在动力老男孩的网站上都能找到，这里就不再重复了。我想要强调其中的关键是水平的两个方向要分开调试，比如可以用手指限制住小磁铁在左、右方向的运动，调试软硬件参数使得它在前、后方向上基本达到稳定，然后按照同样方式调试使得它在左、右方向上基本达到稳定。之后才可以松开手，把小磁铁放在半空中观察它的反应，然后对软硬件参数做微小调整，使其悬浮更加稳定。

当您开始尝试这个制作，遇到很多困难时，请相信这些我们也曾经历过，当您心灰意冷准备放弃时，请相信成功仅仅来自多一天的坚持。

7.2 探索与发现

霍尔传感器在前文的制作中起到了洞察秋毫的作用，用它来测量磁场的强度，是一个非常准确的方法。19世纪末，当科学研究还不像今天这样复杂和细化的时候，科学实验往往是不难理解的，这也是科学最为有趣的时代。1879年，美国约翰霍普金斯大学物理系年轻的研究生霍尔先生（Edwin Hall）做了一个实验（见图7.6），他在一张薄薄的金箔两端加上电压，使得有电流通过，然后在垂直金箔表面的方向上加以磁场，最后他在金箔的两侧用一个极为灵敏的电压表测量电压值（通常在10^{-6}V量级）。法拉第等实验物理学家在19世纪前期已经发现了通电导线在外加磁场下会感受到一个推力，从而法拉第发明了电动机。但是大家一直认为这个力是作用在金属的晶格上，而不是其中的电流上。这个理论并没有任何实验支持，只不过大师麦克斯韦也是这么说的。年轻的霍尔先生不信这个邪，于是他想用这样一个实验来验证这个理论。为什么这个传感器能“看到”磁场的强弱，以及霍尔传感器的核心——“霍尔效应”在前沿科学中如何应用，请深入阅读《我们都是科学家——那些妙趣横生而寓意深远的科学实验》一书。

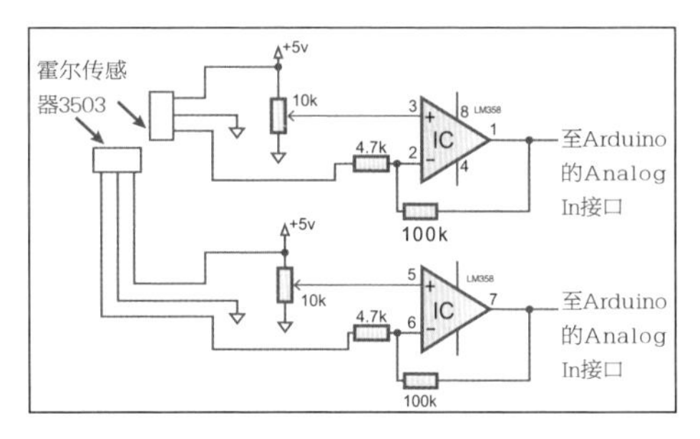

图 7.6　霍尔效应的测量

08 用体感手柄遥控的二自由度浮动迷宫

◇宜昌城老张

前段时间玩过一款重力平衡球手机游戏《Teeter》（见图8.1），感觉挺有意思的。游戏是这样玩的，用户轻微地摆动手机，屏幕上的重力球也随之往摆动方向滚动，你要让小球依托墙壁，不让它掉进黑色的陷阱，沿着设定的途径游走，一直到达目的地，最后落进绿色的孔洞里。

我玩这个虚拟游戏时，就想到能不能做一个现实版的模型。模型所完成的任务是：自制一个体感手柄，手柄中用上了与手机类似的三轴加速度传感器，用来检测体感手柄的空中姿态，然后通过无线通信的方式，把手柄的姿态信息映射到一个“浮动迷宫”模型的两个舵机的动作中，让绕*Y*轴和*X*轴旋转的两个舵机摇动迷宫平台，使平台中的小

视频：http://v.youku.com/v_show/id_XNDk4Nzc0NzA0.html

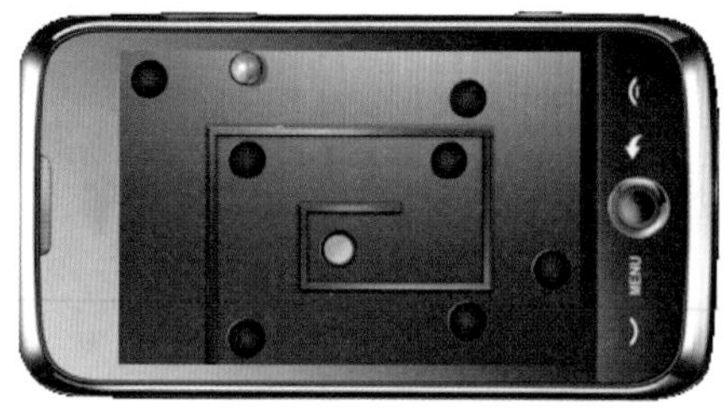

图 8.1　重力平衡球手机游戏《Teeter》

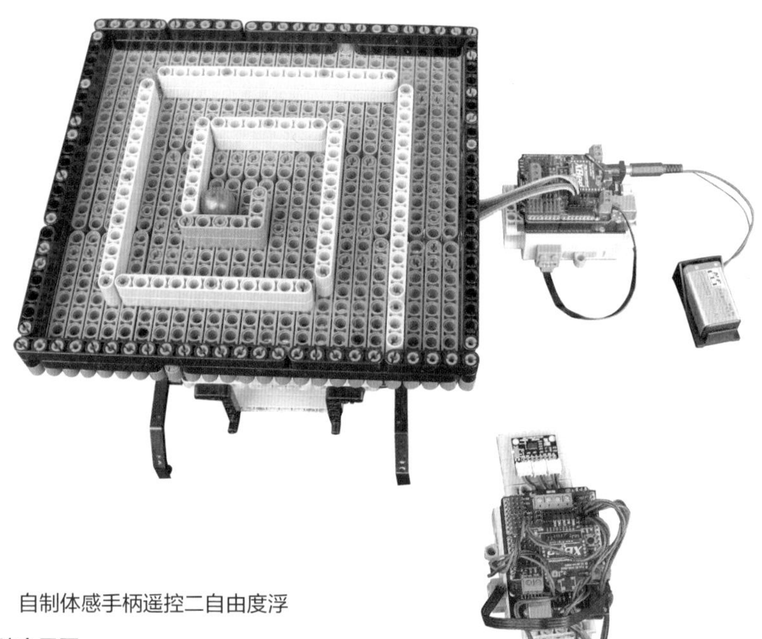

图 8.2　自制体感手柄遥控二自由度浮动迷宫实验全景图

球沿滚道在出发地与目的地之间游走。这两天我把这个模型完成了，如图8.2所示。

8.1 浮动迷宫模型的机械组成

“浮动迷宫”模型由迷宫平台和舵机驱动底座两部分组成，迷宫平台采用乐高积木搭建，舵机驱动底座采用从网上买到的金属支架零件，内含有绕*Y*轴和*X*轴旋转的两个180° 舵机，如图8.3所示。电控部分由两套Arduino控制器、一对XBee无线数传模块和MMA7361三轴加速度传感器模块组成，如图8.4所示。

图 8.3 “浮动迷宫”平台和舵机驱动底座

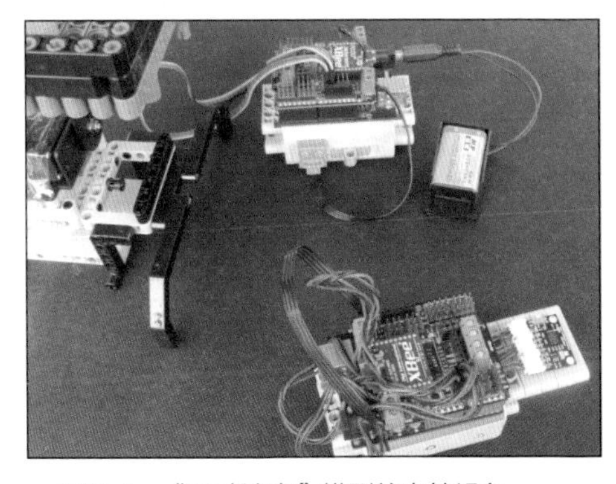

图 8.4 “浮动迷宫”模型的电控设备

把“浮动迷宫”平台安装到舵机驱动底座上，就完成了整个模型的搭建。

8.2 浮动迷宫模型的电控组成

体感手柄和浮动迷宫的电控都采用了Arduino控制器。体感手柄上有一块飞思卡尔MMA7361加速度传感器（见图8.5），它能够把手柄所处姿态反馈到控制器中。MMA7361传感器是基于加速度的基本原理去实现工作任务的，加速度是个空间矢量。通过测量由于重力引起的加速度，你可以计算出设备相对于水平面的倾斜角度。这种传感器具有体积小、重量轻等特点，能够全面、准确地反映物体的运动性质，在航空航天、机器人、汽车和医学等领域都得到了广泛的应用。

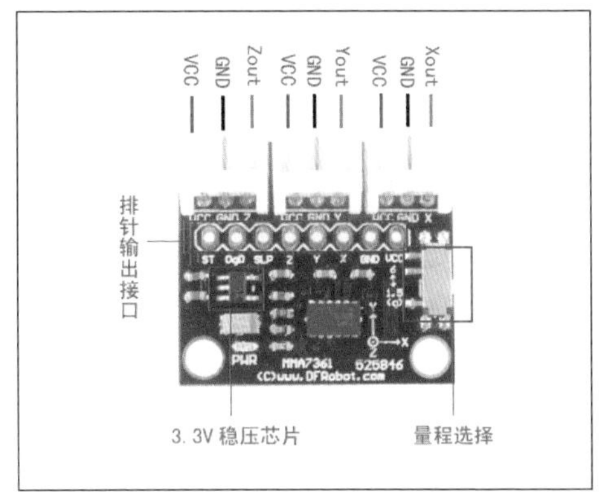

图 8.5 MMA7361 三轴加速度传感器模块

MMA7361加速度传感器模块提供了±1. 5g、±6g两个灵敏度量程，用户可通过开关选择这两个量程。制作这个模型时，我选用了灵敏度高的±1.5g量程，高灵敏度量程所产生加速度转换值的分辨率高，这体现在迷宫平台上，倾斜动作会表现得更加平顺。

MMA7361三轴加速度传感器模块能将加速度矢量分解成*X*、*Y*、*Z*三个方向上的分量，并产生相应的3个0~5V的电压值输出。我把这3个电压输出信号连到了层叠在Arduino控制器上的Xbee传感器扩展板的模拟端口0、1、2上，如图8.6所示。Arduino控制器的10位模数转换器将会把传感器的电压输出值转换成0~1023的整数值。

原先我一直不理解，加速度传感器是如何了解设备相对于水平面的倾斜角度的，实际上只要实践一下，这个问题就会无师自通。首先如图33.4所示，我把加速度传感器用双面胶带粘在遥控手柄前端的乐高积木上，插上USB数据线，形成一个体感设备，再把如下测试程序写入Arduino控制器，通过Arduino IDE编程环境中的串口监视器，观测体感设备旋转时*X*、*Y*和*Z*轴3个分量上加速度转换值的变化（见图8.7）。

图8.6 Arduino控制器与MMA7361加速度传感器的连接

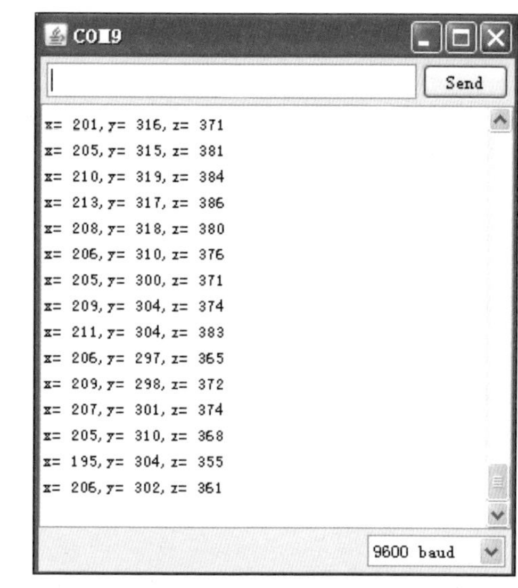

图8.7 通过Arduino IDE的串口监视器，观测体感设备旋转时*X*、*Y*和*Z*轴3个分量上加速度转换值的变化

测试程序

```
void setup()
{
 Serial.begin(9600); // 启动串行通信，波特率为9600bit/s
}
 void loop()
{
 int x,y,z;
 x=analogRead(0); // 采集重力加速度X轴分量的转换值，输入到模拟端口0
 y=analogRead(1);// 采集重力加速度Y轴分量的转换值，输入到模拟端口1
 z=analogRead(2);// 采集重力加速度Z轴分量的转换值，输入到模拟端口2
 //把重力加速度X、Y和Z轴分量的转换值，上传到上位机串口监视器
 Serial.print("x= ");
 Serial.print(x ,DEC);
 Serial.print(',');
 Serial.print("y= ");
 Serial.print(y ,DEC);
 Serial.print( ‘,’ );
 Serial.print( “z=  “);
```

```
  Serial.println(z ,DEC);
  delay(800);// 延时 0.8s，以便有足够时间观测各加速度分量值的变化
}
```

如何通过以上程序，来标定加速度转换值与绕轴旋转的角度值之间的关系呢？方法是：首先要保证体感手柄上的Arduino控制器工作电压为5V，并把手柄水平放置，设定前视方向为*Y*轴，右视方向为*X*轴，手柄上的加速度传感器3个模拟量输出端朝后，另一端朝前。然后让手柄向左旋转到垂直位置，记录下当前*X*轴加速度分量值是175，而手柄向右旋转至垂直位置，此时的*X*轴分量值为500，再把手柄恢复到水平位置。接着手柄绕*X*轴向后旋转至垂直位置，记录下*Y*轴加速度分量值是190，而手柄向前旋转至垂直位置，*Y*轴分量值为520。

通过观测，我发现了重力加速度*X*、*Y*分量转换值与绕*Y*轴和*X*轴旋转角度值的对应关系成正比关系。于是标定如下：*X*轴加速度分量175~500对应绕*Y*轴旋转角度0°~180°。*Y*轴加速度分量195~525对应绕*X*轴旋转角度0°~180°。绕*Y*轴和*X*轴旋转角度都为90°时，体感手柄处于水平位置。可以通过下面的Arduino主机程序中map( )函数，建立这个转换算式。

这次测试实验是采用USB供电并传送数据的，但如果要做个XBee无线体感遥控设备，对于设备上的电池盒供电电压要特别注意，要求供电电压应大于6.5V，因为小于6.5V的电源，Arduino控制器上的板载稳压电路不能把工作电压稳定于5V，而若稳压后产生电压值不同，我发现MMA7361传感器输出的加速度转换值也是不同的，而且电压越低，加速度转换值越大，所以如果想得到唯一不变的加速度值，则为体感设备选择的电源应在6.5~9V，这样在精准的5V工作电压下，加速度值与旋转角度的关系仅需标定一次即可。

另一个值得注意的是：MMA7361传感器采集得到的加速度值，由于传感器固有的特性，会出现小范围的跳动，这样的小幅跳动会造成浮动迷宫平台在某个临界位置的抖动现象，所以在下面的Arduino从机程序里，我采用了一个容错算法加以消除。

8.3 浮动迷宫模型的程序设计

往舵机驱动底座中安装舵机时，应该事先把舵机转角调整为90°，再安装到底座上，并尽可能使舵机U形支架保持如图8.3所示垂直位置，以使安装在其上的“浮动迷宫”平台水平。但是即使这样，模型安装完后，也很难保证迷宫平台处于最佳位置，所以要依靠软件修正的方法，采用电位计精确调整两个舵机的转角。同时，通过观察Arduino软件的串口监视器，确定当迷宫平台为水平位置时，两个舵机转角位置应修正为多少角度才合适。我通过修正，绕*Y*轴和*X*轴旋转的舵机初始角度分别应为88°和98°。

浮动迷宫模型的Arduino电控系统由体感手柄上的主机和控制浮动迷宫的从机组成。

Arduino主机程序的任务为：采集体感手柄中MMA7361三轴加速度传感器的加速度值；再把*X*轴和*Y*轴方向的重力加速度分量值分别转换为绕*Y*轴和*X*轴的角度值；然后采用无线串口协议发送这两个角度值给Arduino从机。

Arduino 主机程序

```
void setup()            // 初始化
{
 Serial.begin(9600); // 启动串口通
 信，波特率为 9600bit/s
}
 void loop()            // 主程序
{
 // 把 MMA7361 加速度传感器的重力加速
度 X、Y、Z 轴分量输出，分别接入
 //Arduino 控制器的模拟量端子 0、1、2。
 int xValue = analogRead(0);
 int yValue = analogRead(1);
 int zValue = analogRead(2);
 // 把绕 Y 轴旋转 180° 的两个特定位置
的 xValue 值 500~175 反比转换为角度值
0°~180°
 // 反比换算的目的是要使浮动迷宫绕 Y 轴
转动方向与体感手柄倾角姿态协调一致
 int yRotate=map(xValue,500,175,
 0,180);
 // 把绕 X 轴旋转 180° 的两个特定位置的
yValue 值 190~520 转换为角度值 0~180
int xRotate=map(yValue,190,520,
0,180);
 if(yRotate<=0) yRotate=0;// 如果
绕 Y 轴旋转的角度值出现负数，则强制为 0
 if(xRotate<=0) xRotate=0;// 如果
绕 X 轴旋转的角度值出现负数，则强制为 0
 if(yRotate>=180) yRotate=180;//
如果绕 Y 轴旋转的角度值大于 180，则强制
为 180
 if(xRotate>=180) xRotate=180;//
如果绕 X 轴旋转的角度值大于 180，则强制
为 180
// 发送“标志”字节，以标识将开始发送一
次体感手柄的两个姿态角度字节
 Serial.print(255,BYTE);
 Serial.print(yRotate,BYTE);// 以字
 节形式，发送体感手柄绕 Y 轴旋转的角度值
 Serial.print(xRotate,BYTE);// 以
 字节形式，发送体感手柄绕 X 轴旋转的角
 度值
 delay(100);// 延时 0.1s，等待发送
 完成
}
```

Arduino从机程序的任务为：接收体感手柄主机发来的手柄旋转角度信息，判断体感手柄旋转角度是否超出防抖缓冲区，据此驱使“浮动迷宫”倾斜一个固定角度，以使小球沿某一方向的迷宫滚道游走。

由于体感手柄中三轴加速度传感器的采样值有跳动现象，所以采用软件容错的方法来防止浮动迷宫驱动舵机出现随之抖动现象，例如对于*Y*轴舵机，当体感手柄绕*Y*轴姿态角度偏离中央位置90°，小于65°时，浮动迷宫的*Y*轴舵机才转到偏移90°初始位置-5°的位置。而在手柄姿态位于65°~75°时，*Y*轴舵机保证现有状态不变。如果体感手柄向水平状态恢复时，它的*Y*轴姿态角度大于75°，则迷宫平台才从倾斜-5°，恢复到水平状态。

由于有了65°~75°的缓冲区，就不会在某个临界位置出现抖动现象。体感手柄绕*Y*轴姿态角度偏离中央位置90°，向另外一个方向旋转时，数据处理方法与上述方法同理。容错算法程序段我用蓝色字体进行了标注。

Arduino 从机程序

```
#include <Servo.h>// 引用舵机库文件
Servo myservo1; // 声明舵机对象
Servo myservo2;
int yRotate; // 定义变量，存储主机发
送的体感手柄绕 Y 轴旋转角度
int xRotate; // 定义变量，存储主机发
送的体感手柄绕 X 轴旋转角度
int  Y_motor;// 定义变量，存储迷宫舵
机底座中 Y 轴舵机的旋转角度
int  X_motor;// 定义变量，存储迷宫舵
机底座中 X 轴舵机的旋转角度
void setup() // 初始化
{
 Serial.begin(9600);// 启动串口通
 信，波特率为 9600bit/s
```

```
  myservo1.attach(9);  //把Y轴舵
  机输出线连接到Arduino数字端口9
  myservo2.attach(10); //把X轴舵
  机输出线连接到Arduino数字端口10
  myservo1.write(88);  //初始化Y轴
  和X轴舵机的转角位置，以使迷宫平台水平
  myservo2.write(98);
  delay(100); //延时
}
void loop() //主程序
{
  if (Serial.available()>2) //如
  果Arduino读缓冲区的字节大于2个字节
  {
   //如果从缓冲区读到了“开始发送手柄
   角度信息”的标志字节“255”
   if(255==Serial.read())
   {
    yRotate = Serial.read();//读
    体感手柄绕Y轴旋转的角度值
    xRotate = Serial.read();//读
    体感手柄绕X轴旋转的角度值
   }
   //绕Y轴方向上，体感手柄与“浮动迷宫”
   舵机的随动算法
   if(yRotate<=65) Y_motor=88-5;
   if(yRotate>65 && yRotate<=75)
   Y_motor=Y_motor;
   if(yRotate>=115) Y_motor=88+5;
   if(yRotate>105 && yRotate<115)
   Y_motor=Y_motor;
   if(yRotate>75 && yRotate<=105)
   Y_motor=88;
   //绕X轴方向上，体感手柄与“浮动迷宫”
   舵机的随动算法
   if(xRotate<=65) X_motor=98-5;
   if(xRotate>65 && xRotate<=75)
   X_motor=X_motor;
   if(xRotate>=115) X_motor=98+5;
   if(xRotate>105 && xRotate<115)
   X_motor=X_motor;
   if(xRotate>75 && xRotate<=105)
   X_motor=98;
   myservo1.write(Y_motor); // 驱
   动舵机转动
  myservo2.write(X_motor);
  }
 delay(20);
 }
```

以上程序中主、从机的通信是以多字节数据传送，如果不在通信协议方面下点功夫，会把主机的A字节发送到从机的B变量中，而主机的B字节却发送到从机的A变量中。所以我在传送两个0° ~180° 角度值字节前，加入了一个标志字节“255”，以使字节传送不至于混乱。有关主、从机通信的程序段，我用红色字体进行了标注。

8.4 结束语

对于创客来说，做模型的意义可能科技娱乐的成分多些，当然也可用作产品原型设计，捣鼓出某种新产品。如果你是在校学生或者刚入职场的年轻人，通过制作科技模型和参加创客活动，就可以学习和实践多学科的知识，如机械、电子、计算机、自动化和艺术，这样的创客经历会自然地用到将来的企业工作中去。

◇宜昌城老张

可穿戴的睡眠监测仪

◇金孜达　谢作如

之前曾经看到过一个有趣的DIY：把加速度传感器放入包裹里然后快递，之后再取出来，通过查看记录的颠簸数据和时间来判断快递员有没有暴力快递。于是我就想到了应用加速度传感器制作一个能够监测用户睡眠时身体的状态的装置，毕竟你睡着以后身体做了什么你完全不清楚，有了这个仪器就可以知道了。制作用到的硬件见表9.1。

表 9.1　制作用到的硬件

名称	用途
Microduino Core	芯片模块
Microduino USBTTF FT232R	USB 数据交换模块
Microduino 10DOF MPU6050	加速度传感器模块
Microduino SD	SD 卡读写模块
USB 数据线	连接电脑用
导线 2 根	连接电源用
银锌电池盒	放置银锌电池用
PLA	3D 打印外壳用
Arduino IDE 1.0.6	编译器与烧写器
FTDI 2.12.0	FTDI 驱动
Microduino Hardware Support	Microduino 硬件支持组件
Microduino Libraries	Microduino 元件库

9.1　核心部件构建

1 借助 Microduino 的特殊性，组装 4 块 Microduino 模块并无难度，一块块插上去就好。

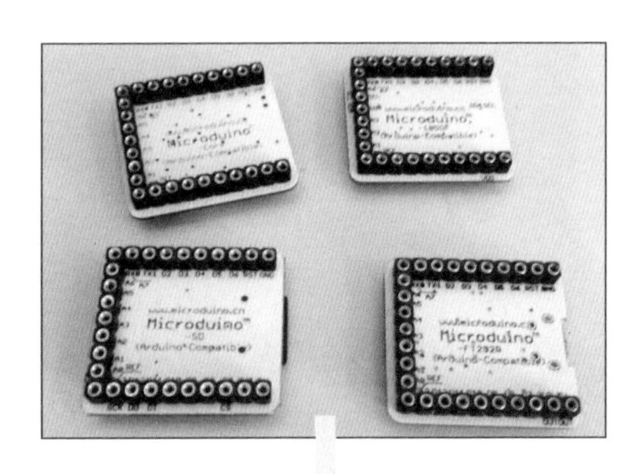

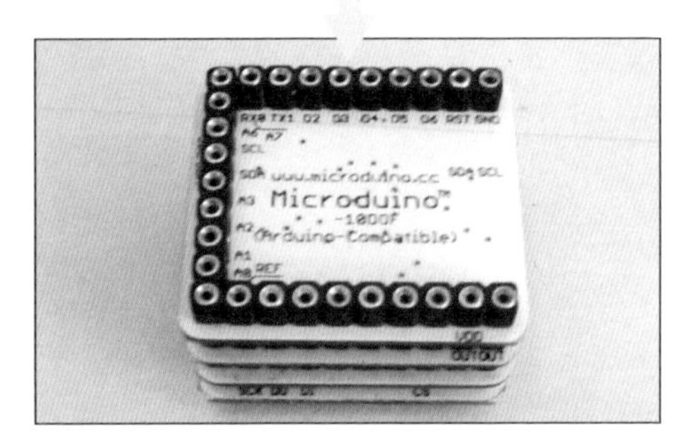

2 电脑要安装 FTDI 驱动。这是 Microduino 的必备驱动，只有安装好后才可以进行 Microduino 编程。

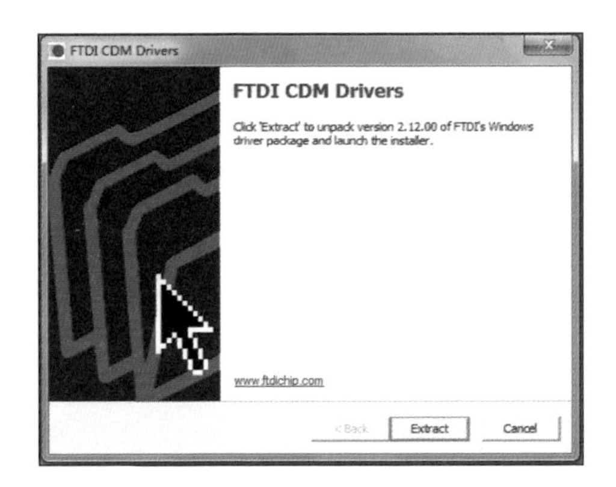

❸ 将 Microduino 官方网站提供的专用 IDE 集成安装包解压到合适的目录。将 Arduino IDE的“板卡”类型选择为“Microduino Core(Atmega328P @16M,5V)” 。

Microduino Core (Atmega328P@16M,5V)
Microduino Core (Atmega328P@8M,3.3V)
Microduino Core (Atmega168PA@16M,5V)
Microduino Core (Atmega168PA@8M,3.3V)

9.2 硬件程序设计

9.2.1 如何记录用户的身体朝向

监测仪的关键就是负责记录此时重力的方向以得到身体的朝向，并将其忠实地记录在SD卡上，以便特制的数据分析器分析。

由于监测的是人体睡眠状态下重力的方向，所以很多情况下可以直接将测得的3个加速度分量视作重力加速度的3个分量。虽然存在数据噪声，但经实验发现其影响轻微，因此没有加上滤波器。

我们不妨先来看看它的工作原理。先看一下对朝向的定义。

图9.1所示的4张图的视角是当你将其佩戴在腹部时，从头部往腹部看的视角。

为了更易观察，图9.2所示的两张图视角发生了变动。请使用原先的相对视角看待图9.2。

然而事实上几乎不可能得到图9.1、图9.2那样的监测值，往往每次监测得到重力加速度的3个方向的分量且均不为零。对此，我们采用了一个非常简单的判断法：取模最长的一个分量对应的方位为此次的方位，如图9.3所示。

此外我们还顺便记录了每相邻2次测得数量值的矢量差。这在之后会派上用场（判断是否入睡以及估算一段时间内的睡眠质量等）。

接下来，考虑数据处理的解决方案。一种最朴素的想法就是周期性地监测重力加速度，不加任何处理地直接原始地记录进SD卡，将一切处理任务交付给数据分析器。然而，这种方法一个晚上会记录大量的数据（如果每100ms记录一次，记录8小时，则文件大概有5.5MB）；此外，根据他人的使用经验，SD卡模块处理超过400KB的文件就会产生问题。为保险起见，这种方式并不合适。

上述方法产生的文件之所以过大，是因为存在大量的冗余数据。例如，一个人睡觉时一般会在10~15min保持同一朝向并几乎不移动，而这段时间得到的数据十分接近，却全被记录。所以第二个想法是剔除相似数据，设定一个阈值，对阈值以内的数据不予记录。

因为只是为了记录身体的朝向，所以仅需记录朝向改变的事件。因此，第三种方法，也是更好的方法是只记录当身体改变朝向的事件即可。

我们最终决定结合第一种与第三种方法，即内存中记录最近一定次数的原始数据，并进行初步加工后写入文件，这样可以大幅降低文件的大小(一般小于3KB)。

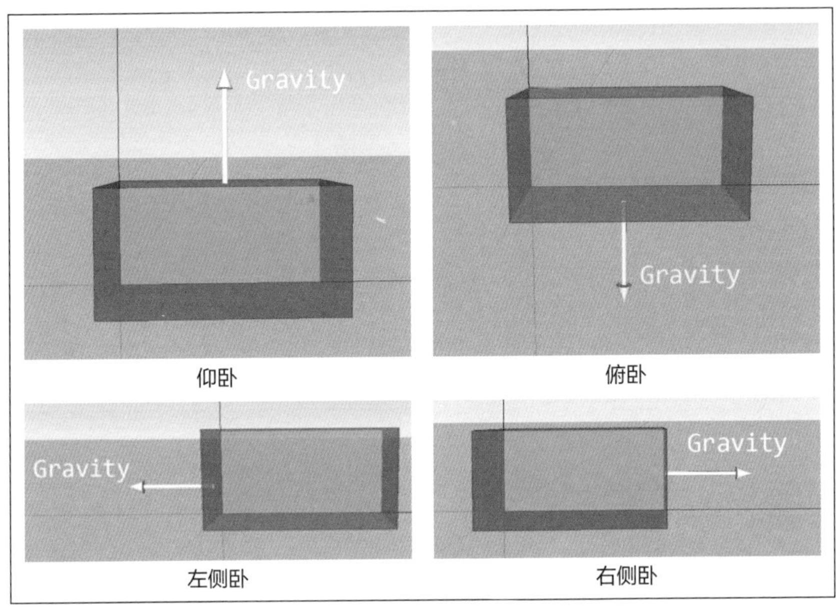

图 9.1 对朝向的定义 1

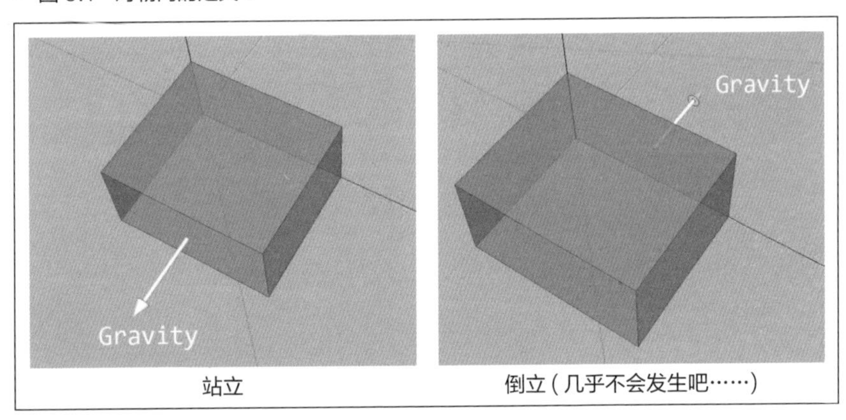

图 9.2 对朝向的定义 2

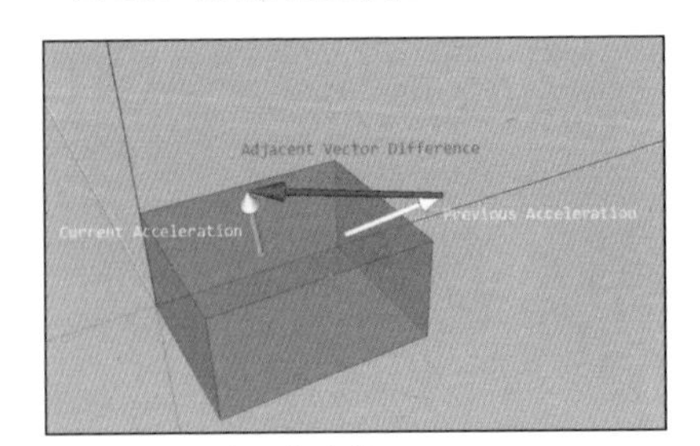

图 9.3 实际的方位

9.2.2 数据过滤

并不是任何原始数据都是可信的，除了无法预测的数据噪声，更值得关注的还有如下两种情况。

（1）用户根本没有进入睡眠状态。我们无法期待用户在睡着前一瞬间启动产品，因此启动产品的时机都是睡着前的一段时间，而这段时间用户的行为被认为是相对活跃的。此时的数据根本不应当被记入，否则会对数据产生一定的干扰。

（2）用户已经进入睡眠状态，但是身体正在运动。虽然一般情况测得的加速度可直接视为重力加速度，然而当用户转身或者有大幅度的运动时，就不能如此轻率地将测得的加速度用于确定当前用户朝向的数据来源。如果毫不考虑这种干扰而对其一视同仁，对结果的影响是相对严重的。

第1种情况的解决方法是并不急于记录数据，而是将监测仪分为“监视状态”和“记录状态”。一开始监测仪处于“监视状态”，该状态仅仅将数据写入内存而不写入文件。我们认为，若一段时间内数据变化不大且朝向主要不为站立时，则用户已经进入睡眠状态，随后切入“记录状态”并新建数据文件。在“记录状态”，数据不仅被写入内存，还会经过初步处理并写入文件，我们认为，若一段时间内用户几乎一直处于站立状态，则用户已经离开睡眠状态，随后返回“监视状态”并终止数据文件。

第2种情况的解决方法是综合考虑附近的数据。在这种处理方式下，我们可以较轻松地排除个别的突变数据而不将之错误地作为有效数据进行处理。而如果用户确实发生了朝向改变等大动作，我们也能够正确地认知到这种变化并将其予以考量。

9.2.3 睡眠质量指数

睡眠质量指数是我们为了增加设备的功能而设计的一个参考指数。我们认为，在相等的一段时间内，身体活动越少，睡眠质量越好。我们通过获取这段时间内任意相邻2次测得加速度的矢量差的模的平方并求和，衡量身体如何活动。显然，就相等的一段时间内而言，模的平方和越大，身体的活动就越剧烈，因此这是可以作为判断睡眠质量的指标的。我们每次对朝向相同的一段连续时间计算睡眠质量指数，考虑到这些时间不尽相同，还需要将其除以时间差。

这是睡眠质量指数的计算公式：

$$Q = 2000\left(\frac{1}{2} - \frac{1}{\pi}\arctan\left(\frac{\sum_{n=1}^{\frac{t_e - t_s}{T}}\left|\vec{a}_n - \vec{a}_{n-1}\right|^2}{100(t_e - t_s)}\right)\right)$$

其中$\vec{a}_i(1 \le i \le \frac{t_e - t_s}{T})$表示这段时间内第i次测得的加速度；$t_S$是这段时间相对于启动仪器的开始时刻；$t_e$是这段时间相对于启动仪器的结束时刻；T是相邻2次测量的周期。

由于一共测量了$\frac{t_e - t_s}{T}$次，故这段时间内的“平均相邻加速度差的模的平方”的值为$\frac{\sum_{n=1}^{\frac{t_e - t_s}{T}}\left|\vec{a}_n - \vec{a}_{n-1}\right|^2}{t_e - t_s}$，除以100是数据上的需求（防止溢出）。

接着对计算得到的值进行映射。因为原先的值域为[0，+∞），故对其进行一次反正切运算并除以圆周率，就可以将其映射到一个上下有界的区间[0，1/2）。由于一般情况我们觉得这个值越高，睡眠质量才越好，因此将其取负。为了好看起见，再加上1/2。最后乘以2000，将其映射到（0，1000]，且此时睡眠质量指数与睡眠质量成正相关，符合要求。

<table>
<tr><th>代码</th><th>注释</th></tr>
<tr><td>void monitor()　　　　//Monitor Mode</td><td>[当进入“监视状态”时运行的函数。]</td></tr>
<tr><td>{
#ifdef DEBUG_MODE Serial.println
(“Starting Monitoring...”);
#endif</td><td>[调试模式下使用的代码。]</td></tr>
<tr><td>int inital_count=0;
for(;(double)oog_count/CACHE>OOG_
PASS_RATE || (double)direct_
count[3]/CACHE>RAS_PASS_RATE||
inital_count<CACHE;current_
index=(current_index+1)%CACHE)
{</td><td>[“监视模式”的终止条件为：在最近10min内连续的两次测量值的矢量差超过阈值（GATE=6000）的计数值比率小于80%（OOG_PASS_RATE=80%），且最近10min内测得为站立状况的计数值比率小于2.5%（RAS_PASS_RATE=2.5%），且至少进入该模式10min。如果有一个没有满足，会重新回到循环。每次循环的间隔为约1s。]</td></tr>
<tr><td>oog_count-=distSqr(current_
index,(current_index+1) %CACHE)>GATE;
direct_count[acceleration
[current_index].direct]--;
getAcc(current_index);</td><td>[将RAM中最旧的一次数据抹除并清除其影响。]</td></tr>
<tr><td>oog_count+=distSqr((current_
index+CACHE-1)%CACHE,current_
index)>GATE;
direct_count[acceleration
[current_index].direct]++;
if(inital_count<CACHE)inital_count++;
}</td><td>[记录新的测量值带来的影响。（如果这次的测量值与上次的测量值之间的矢量差大于阈值（GATE=6000），则oog_count加1，此次测量值对应的方位的direct_count加1。）]</td></tr>
<tr><td>previous_event_time=millis();
#ifdef DEBUG_MODE Serial.
println(“Ending Monitoring...”);
#endif
return;
}</td><td>[调试模式下使用的代码。]</td></tr>
</table>

9.2.4 最终程序

以下提供“监视状态”模式的代码和简要解说，完整内容请到《无线电》杂志网站www.radio.com.cn下载，提供的文件有：数据采集器源代码（用于单片机端）、数据分析器源代码（用于电脑端）、数据分析器程序（用于电脑端）。

最后将其烧录在芯片上即可（见图9.4）。

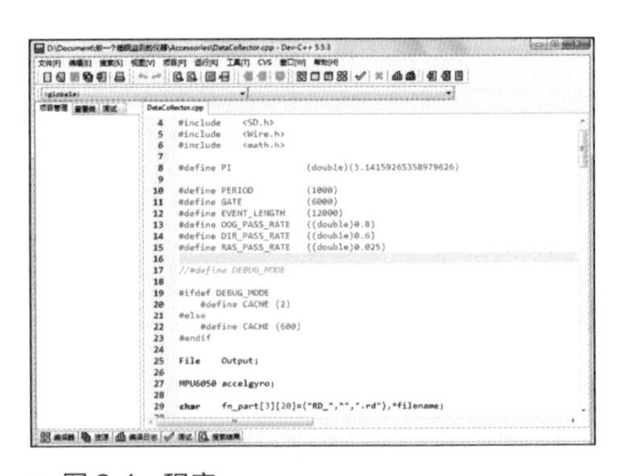

图9.4 程序

9.2.5 测试

经过数十次测试，程序可以正确运行。

9.3 作品包装

先加入电池，以便脱机运行。在网上可以买到银锌电池盒这样体贴的小配件（见图9.5），将它与Microduino模块连接（见图9.6）。

我们采用3D建模软件设计外壳，然后用3D打印机打印实物，将芯片与电池放入其中（见图9.7），最后封口（见图9.8）。至此产品完工。

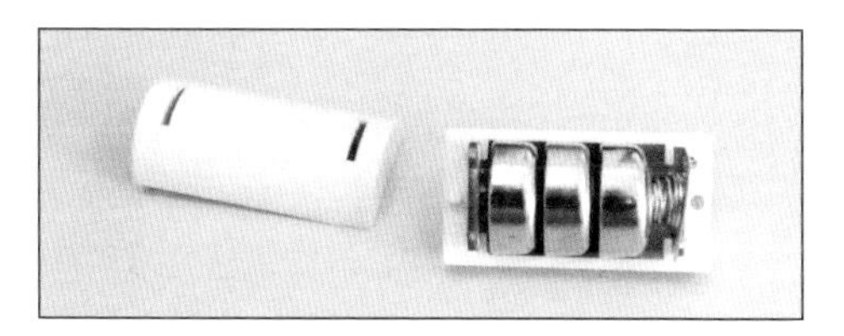

图 9.5 银锌电池盒

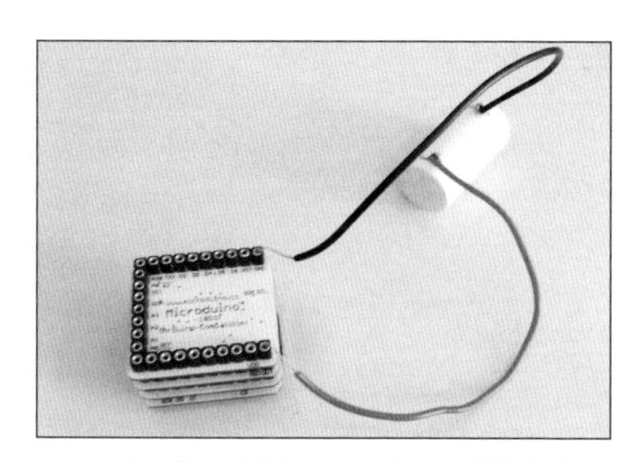

图 9.6 将电池盒与 Microduino 模块相连

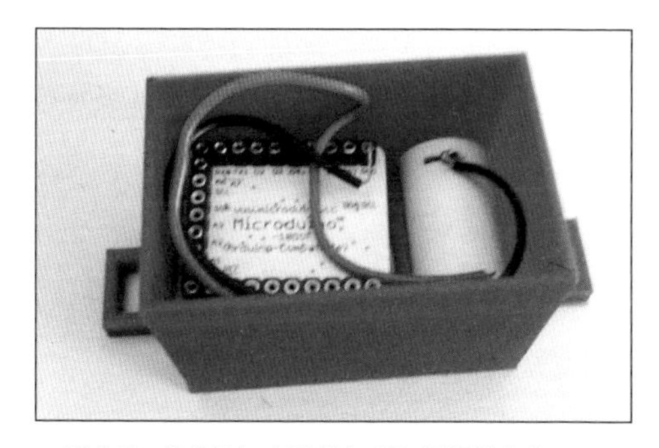

图 9.7 将芯片与电池放入 3D 打印外壳中

图 9.8 睡眠监测仪制作完成

9.4 数据分析器设计

即使经过初步处理的数据，其格式对一般用户来讲依然晦涩难懂，且格式不友好。因此，将数据转变为用户易于直观读取和理解的就成了一项重要的任务。我们采用VB（Visual Basic）编写分析器的源代码和界面（见图9.9）。虽然外表简陋，但是已经能将数据显示得足够直观。

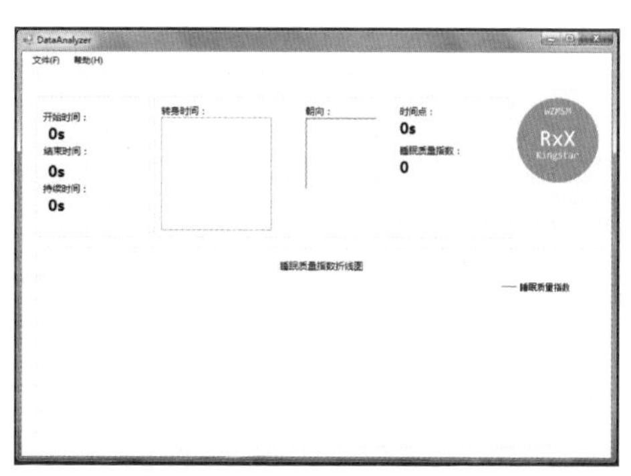

图 9.9 采用 VB 编写的分析器

首先我们单击菜单中的“文件”选项（见图9.10），打开文件选择框，选择一个文件（注：该文件是一份生成的数据文件，格式为 *.rd，仅供演示）。

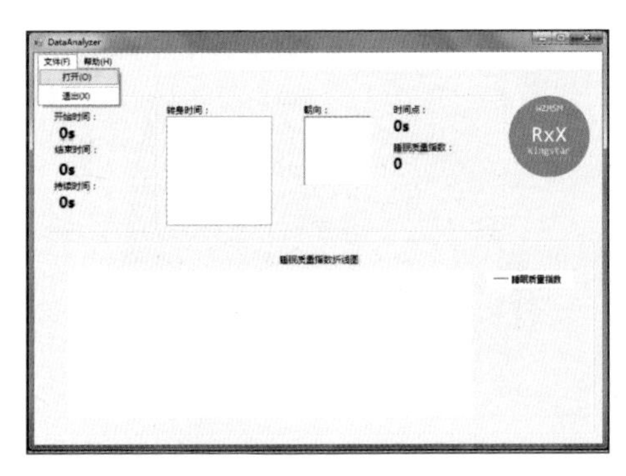

■ 图 9.10　选择文件

然后数据将被处理与显示（见图9.11）。

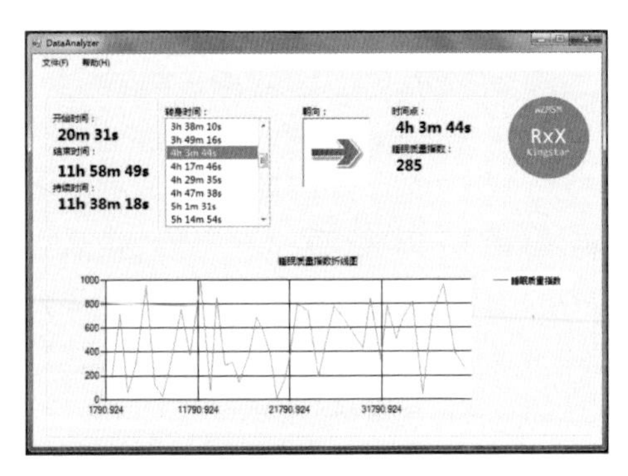

■ 图 9.11　数据被处理与显示

左上角表示睡眠的时间，一般情况只需了解最下面的“持续时间”即可。“起始时间”是自产品启动到开始记录文件的时间，“终止时间”是自产品启动到结束记录文件的时间。

右上角有一个按时间升序排列的列表，分别记录每一次身体转向的时间、转向完毕后身体的朝向以及保持这个朝向的这段时间内的睡眠质量指数。睡眠质量指数是一个量化数值，可以反映你的睡眠质量，该值在0~999范围内浮动，数值越高，睡眠质量越好。

下方是一个睡眠质量指数图表，直接显示了每个转向的时刻及此段时间的睡眠质量指数，可清晰、直观地了解一次睡眠的总体质量与总体变化。

9.5　结语

这个产品设想并不复杂，制作简易，而探索历程又十分有趣。因此我们也对这次的设计体验感到非常充实。产品构造简易小巧，功能简单而不失趣味。设计过程用到了单片机、编程和3D打印，体现了科技协作的力量。这次体验给我们的影响是显著的，我们在此感到了快乐，也得到了进一步探索的动力。

其实我们处理信息的方式并不复杂，实际上我们得到的信息完全可以做到更多的事情，这可能将成为我们进一步探索的方向，如：

（1）加入一些简易而有效的滤波算法，以便高效精准地处理原始数据；

（2）通过一段时间的数据，更好地推测当前用户的睡眠状况；

（3）改进数据分析软件，使其更加易懂并具有更良好的交互功能。

受设计水平限制，数据转移的方式使用了SD卡。考虑到现今使用的数据格式并不会占用大块空间，我们也可能改良数据的传输方式，比如使用蓝牙或者Wi- Fi将数据直接实时传送到数据分析软件。

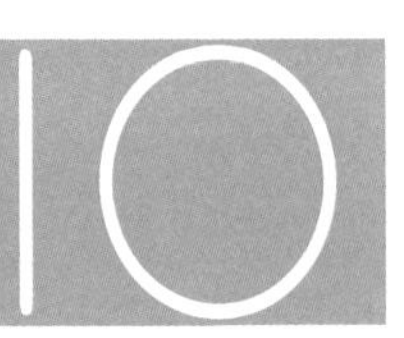

智能空气数据监测分析盒

◇连龙

我国北方地区冬季雾霾严重，很多家庭都会根据PM2.5值决定出门是否戴口罩，但是没有办法检测家里的PM2.5值。如果长期待在家中，随时了解家里的空气质量是很有必要的。如果购买一个PM2.5检测仪，就只能检测家里的单项数值，功能较少，并且大多数PM2.5检测仪只能显示当前的数值，不能知道家中什么时候PM2.5较高，也不能报警。因此我想制作一个智能化的盒子，让它能检测空气质量并和正常状态进行比较，同时具有分析、上传和报警功能，让检测与分析更彻底、更完善，并且数据会被简单地传送到使用者手中。

10.1 功能

这个盒子可以检测PM2.5、VOC和温/湿度值，并且会自动保存和上传数据，使用者可以通过浏览器查看各项数值。若是在内网访问本制作，则不需要输入IP地址，只需要输入”盒子的主机名.local”作为网址即可，访问更加方便。主机名可以自己设置，比如我的主机名是detector1，就可以用detector1.local来访问，这样访问更简单，也不需要安装程序。若不在内网，也可通过网络上的服务器查看盒子上传的数据。总之，只要联网，就可以查看数据，使用手机也可以。

这个盒子还具有分析功能，访问指定网址后会自动绘图，显示出当前的状况。如果超过了指定的报警临界值就能自动报警。盒子上有4个LED，每个LED指示一项数据，并且它们都有红、绿、蓝3种颜色，还可分别控制亮度，这样就可以混合出不同的颜色了。各项参数也是可以设置的，并能根据需要进行调整，同时还能更改显示范围和算法。

这样的智能盒子，使用起来也不复杂，只需插上网线、把MicroUSB接口连接到充电器或者计算机的USB接口就可以了，无线连接也有办法实现。

10.2 运行框架

这个智能盒子的运行框架如图10.1所示。主芯片先向单片机发出信息，单片机获取传感器的信息并发回，然后主芯片存储数据并且上传到服务器，在使用者需要时分析数据并以网页的形式发送给使用者。

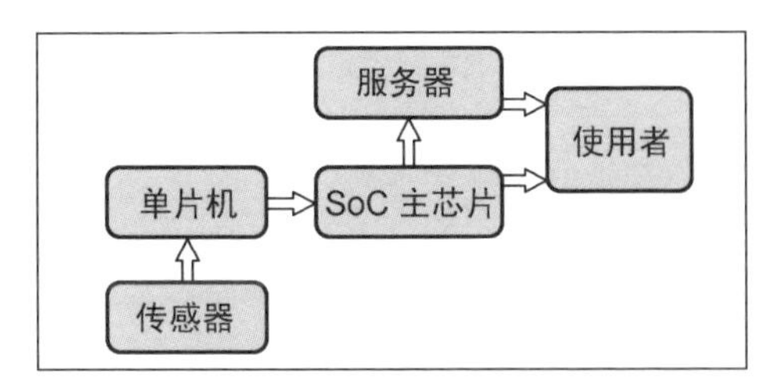

图10.1 运行框架

单片机	Arduino Micro（ATmega32U4）
主芯片	AR9331
传感器	GP2Y1010AU0F、OS-01、DHT11

10.3 单片机程序原理

10.3.1 芯片型号和编程方式

我采用Arduino Micro作为单片机开发板，因为它带有ATmega32U4单片机，支持硬件USB，可以用USB来和主芯片传输数据，在获得较高速率的同时不容易丢失数据。使用Arduino Micro而不是直接使用ATmega32U4是因为其芯片封装不适合焊接，同时Arduino Micro自带晶体振荡器、USB接口，方便开发。

我使用Arduino IDE作为开发软件，它用的是带有库和特殊语法的C++，这会让开发变得更快、更方便。

10.3.2 亮度调节

这里使用了4个全彩共阳LED，每个具有4个引脚——1个公共正极和3个负极。我使用PWM来调节LED的亮度，在Arduino里用analogWrite()就可以调节。要避免使用定时器0的PWM，因为如果调整了定时器0的频率，Arduino的函数会被影响。我调整频率的方式是修改寄存器，因为Arduino没有提供修改频率的其他办法，对于定时器1和定时器4，我是这么修改的：

```
TCCR1B |= (1 << CS10);
TCCR1B &= ~((1 << CS12) | (1 <<
CS11));
TCCR4B |= (1 << CS40);
TCCR4B &= ~((1 << CS42) | (1 <<
CS41));
```

图10.2所示是我的连接方式，采用了不同时驱动的方式来点亮LED，每一个LED有256级的亮度调节，这样3种基本颜色就可以混合成不同颜色。

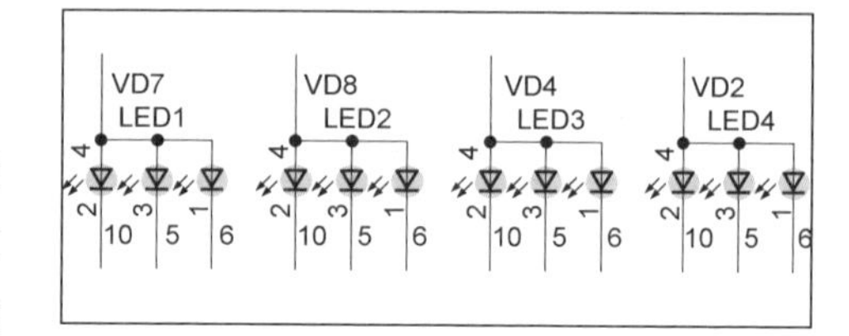

图 10.2　LED 连接方式

采用不同时驱动的方式，需要一个时间来执行切换LED的操作。这里我用了定时器3的CTC来确定时段，每匹配一次，中断执行一次，就切换一次LED，亮度值实现存储在brightness数组里，分4个LED、3个数（红、绿、蓝）存储。这里采用把WGM33和WGM32设置为1的方式来把定时器更改为PWM模式，ICR3是匹配的时间（这个时间是以单片机时钟的频率来算的），时间越长，刷新的次数越少，65535是最大值，这个数值不能设置得过小，不然会一直处在中断之中，不能响应其他中断和执行程序。TIMSK3是中断的寄存器，我设置开启CTC中断。这是设置的代码：

```
TCCR3A = 0;
TCCR3B = (1 << WGM33) | (1 <<
WGM32) | (1 << CS30);
ICR3 = 65535;//LED 刷新的间隔
TIMSK3 |= 1 << ICIE3;
```

而中断是用 ISR 来设置，向量是 TIMER3_CAPT_vect。

10.3.3 数据读写

我使用USB来进行数据读写，这里

Arduino把USB模拟成了串口CDC，因此使用Serial类就可以读写数据了，主芯片发送不同的命令，单片机响应发送数据。如g命令加一个参数是获取传感器数值，w是写入偏好到EEPROM。单片机返回的数据以"\n"结尾，这样主芯片就比较容易判断数据是否结束。

10.3.4 偏好存储

有时我们需要更改偏好，例如更改存储的校准数值，所以我设置了一个偏好结构体structpref来存储偏好，可以通过不同的命令来修改偏好的不同部分。我使用了EEPROM库来修改EEPROM。EEPROM.write()和EEPROM.read()函数可以一次修改一个字节，我用了两个函数来循环写入structpref:

```
void readPref() {
  for (unsigned int i = 0; i <
  sizeof(struct pref); i++) {
  *((uint8_t *)&preferences + i)
  = EEPROM.read(i);
  Serial.println(*((uint8_t *)&preferences
  + i));//For debugging
  }
}
void writePref() {
  for (unsigned int i = 0; i <
  sizeof(struct pref); i++) {
  EEPROM.write(i, *((uint8_t
  *)&preferences + i));
  }
}
```

version_signature是用来识别EEPROM的数据版本和程序数据版本的，如果以后更新程序，会根据这个版本来识别EEPROM的偏好，默认更新程序时是不会更新EEPROM的，这样就需要这个version_signature，以免混乱。这里设置的是如果不是本版本的偏好，就重新写入默认偏好。

10.3.5 蜂鸣报警

如果数据超过了标准，就需要使用蜂鸣器发出报警声音，蜂鸣器通过68Ω的电阻来连接单片机。程序在preferences.beep是true时启动蜂鸣器，定时器中断和蜂鸣报警是放在一起的，蜂鸣报警由寄存器控制，向BEEP_PIN_PIN的位写入1可以翻转电平，而向BEEP_PIN_PORT写入0可以设置为低电平。这里的BEEP_PIN_PIN和BEEP_PIN_PORT都是宏，指向对应的寄存器。蜂鸣报警的频率可以由前面控制匹配中断的频率的ICR3来控制，和LED的切换时间控制是在一起的。

```
if (beep) {
  BEEP_PIN_PIN |= 1 << BEEP_PIN_
  BIT; //Turn the beep pin
  } else {
  BEEP_PIN_PORT &= ~(1 << BEEP_
  PIN_BIT); //Make the beep pin low
}
```

10.3.6 传感器

1. PM2.5 传感器

我用的PM2.5传感器是GP2Y1010AU0F，这个传感器的原理是点亮一个LED（光线不可见），通过折射的数据来判断空气中烟雾和可吸入颗粒的多少。输出情况和LED点亮时间的关系如图10.3所示。LED要点亮至少0.28ms才能获取到准确的数据，实际用的值会比这个数值大，因为代码执行还要占用时间。

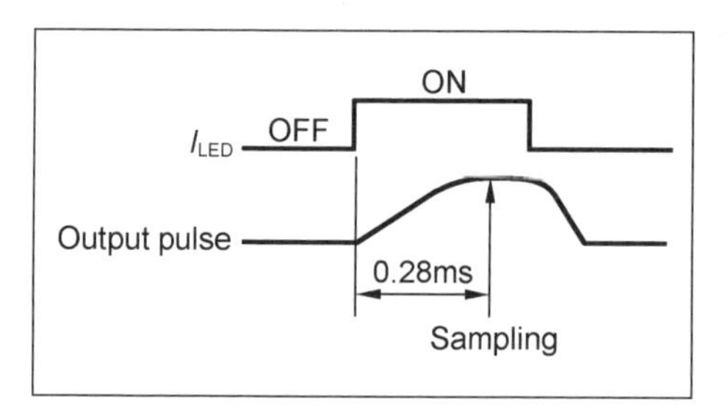

■ 图10.3　输出情况和LED点亮时间的关系（来自传感器的数据表）

输出电压和颗粒浓度的关系如图10.4所示。在烟雾浓度为0~0.5mg/m³时，输出电压与浓度大约成一次函数关系，$y=kx+b$。从图中得到两组值：当输出电压是3V时，浓度为0.4 mg/m³；当输出电压是4V时，浓度为0.5 mg/m³。这里使用μg/m³作单位，需要乘以1000，就可以得到这两个关系：

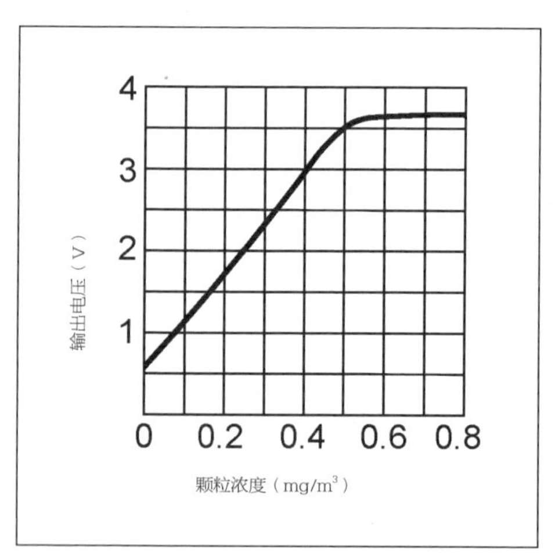

■ 图10.4　输出电压和颗粒浓度的关系（来自传感器的数据表）

$x=3$，$y=400$，$3k+b=400$

$x=3.5$，$y=500$，$3.5k+b=500$

求出k和b的数值：

$k=200$，$b=-200$

也就是说，关系是$y=200x-200$，这里的x是电压，所以要在输入数值的基础上除以1023（$2^{10}-1$），再乘以5（AREF是5V）。因此可以得到：

```
double value = (double)
(dustVal/10)/1024*5*200-200;
```

但是经过测试发现，对于小的数值，得出的PM2.5是负数，原因可能是公式误差或是不同的传感器的个体差异，因此这里要加一个偏移值ADJUST_VALUE。这个数值只对我的传感器的目前状态有效，其他状态需要经过调试才能得到比较准确的数值。修改后的公式是：

```
double value = (double)
(dustVal/10)/1024*5*200-
200+ADJUST_VALUE;
```

这里同时设置了一个自动处理数据的方法，就是当数据小于0时把数据值设置为-1，代表获取的数据不正确。

2. 空气质量传感器

我用的空气质量传感器是QS-01，这个传感器由一个小加热器和一个检测器组成，检测器可以在加热时检测空气中不常有的气体，检测范围为氢气、一氧化碳、甲烷、异丁烷、酒精、氨气。这个传感器在首次使用前需要先进行48h以上的预热（用内部电阻加热）。

这个传感器的结构以及标准电路图如图10.5所示，R_H属于加热电阻，而R_S属于传感检测电阻，气体浓度由R_S的值来体现。R_S和气体浓度的关系如图10.6所示，这里我的R_L为1kΩ，读取的是R_L的电压，根据欧姆定律可以得出电流$I_L=U_L/1000\Omega$，然后可以求出R_S的电压$U_S=5V-U_L$，串联电路的电流相等，所以$I_S=I_L=U_L/1000\Omega$。那么$R_S=U_S/I_S=(5V-U_L)/U_L\times1000\Omega$。

R_S(Air)就是在空气中的电阻，这里的取值需要确保结果不会超过1，当然，根据具体的情况需要进一步调整这个阻值，以保证结果准确。这里因为不同气体对传感器的影响不同，就直接显示R_S/R_S(Air)的值了，对于数据超过1的数值，将自动改为1。

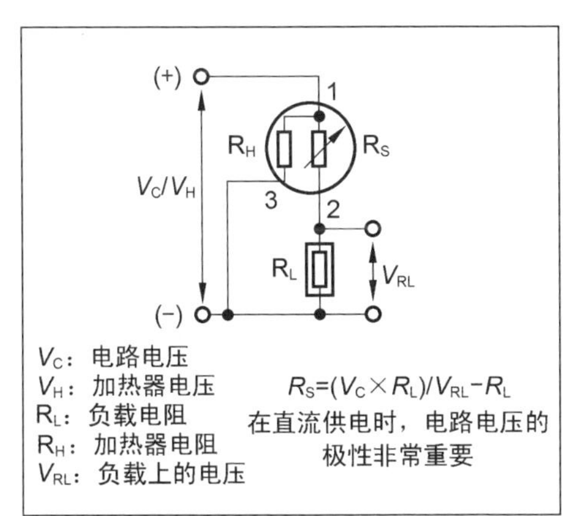

图10.5 QS-01的结构

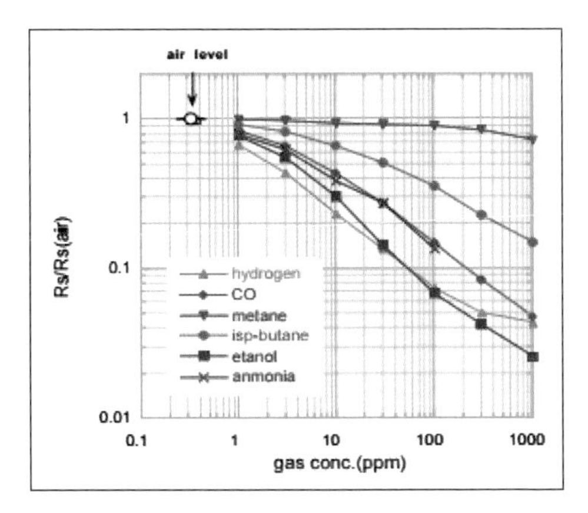

图10.6 R_S和气体浓度的关系

3. 温/湿度传感器

温/湿度传感器是DHT11，这个传感器是单线传输的，我使用DHT11库来获得温/湿度数值。在看了库的代码之后，我发现了一些问题，首先是因为我没有连接上拉电阻，所以要设置内部上拉电阻，因此我把库的pinMode设置改为INPUT_PULLUP，并且因为我修改了定时器和中断，库里用循环来确定时间的功能不能使用，导致无法正常获取数据，但是更改库的计时方式又比较麻烦，所以我决定使用cli()在获取数据时禁止中断，但是仍然不能正确获取数据，我想这可能是延时的设置考虑了自带的中断，而cli()会禁止所有的中断，于是我用复位单个中断位的方法来禁止单个自定义中断：

```
TIMSK3 &= ~(1 << ICIE3);
```

然后用这个方法来恢复：

```
TIMSK3 |= 1 << ICIE3;
```

因为这个传感器内置校验码，单片机可以通过校验码来判断得出的数据是否正确，如果校验码和数据不正确，则试着重新获取数据，最大次数由DHT11_TRY_MAX_COUNT决定，这样就可以保证获取到的数据的准确性。

10.4 主芯片数据获取及上传程序原理

我使用的主芯片是AR9331，这个芯片具有有线/无线网络发射、接收功能，具有USB，是MIPS架构，能运行Linux。我的主芯片的运行板有64MB内存和16MB

Flash，运行Openwrt 14.04，我安装了Python和pyserial库，用来获取数据。默认开机会运行rc.local脚本，因此会在后台运行里面的/root/readdata，这个程序在运行后会获取数据，然后写入/root/www/log/datalog文件，给分析程序读取数据。

10.4.1 主芯片数据分析原理

我直接写了一个html页面来让浏览器访问数据。因为是静态html，所以速度会比用CGI快，但是静态html没办法分析数据，因此我用JQuery库来获取生成的log/datalog文件，这里使用ajax来调用数据，为了方便，我使用了同步调用，虽然这么设置会导致使用速度变慢以及不太好的用户体验，但是在这个页面中，如果ajax不加载好，其他东西就没有办法使用，即便使用异步调用，也不能有什么改观，因此使用同步调用即可。

我提供了3种算法，一种直接显示和两种平均算法，这些算法都不是很好，但是至少可以起到一定作用。在计算后用一个JQuery插件来绘制出表格。我使用了JQuery Mobile来显示界面，这样在手机上也能获得很好的显示效果，达到兼容手机的目的。

通过计算机访问的界面如图10.7所示，切换4个选项卡可以清晰地看到显示的数据，“不显示老数据”的设置能显示最新的数据。

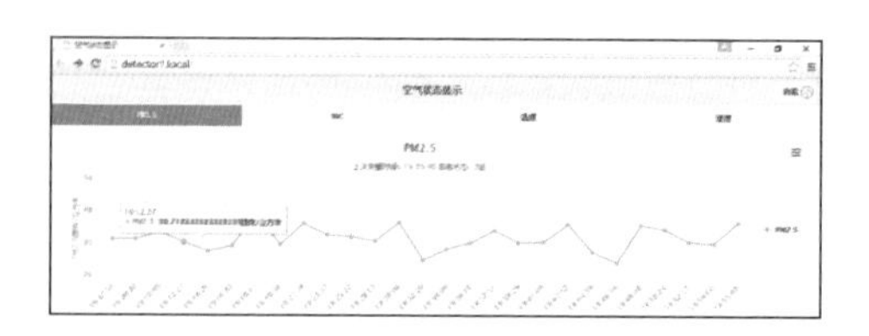

图10.7 显示界面

10.4.2 主机名.local的访问原理

这里使用了一个叫作avahi的程序，这个程序是Zeroconf协议在Linux下的支持程序，基于mDns协议来发送数据，它的配置文件在/etc/avahi下，这个软件需要dbus才能运行，开机自动运行avahi-daemon后，程序就会响应查询广播，这样就可以通过”主机名.local”来访问主机了。这里的主机名可以在控制面板里设置，空格会被替换成下划线，大小写不区分。这样就避免了输入IP给新手带来的麻烦，可以用DHCP获取地址而不需要查询IP地址。当然，Windows默认是不支持这个协议的，需要安装Bonjour程序才可以，而苹果的产品支持这个协议，可以直接访问。

10.4.3 通过网络发送串口命令的原理

有一些设置并没有被放在图形界面里，或者是比较隐蔽的功能（如调试需要），需要手动发送命令，而手动发送命令需要手动控制tty。然而要向/dev/ttyACM0（单片机连接上建立的默认tty）里面写入数据，就需要先登录SSH再操作，既麻烦，又不好查看返回的数据（当然也可以装minicom来操作，但是也很麻烦），因此我设计了用网页发送硬件命令的程序。

我使用的服务器程序是Openwrt原来用来发送控制面板的程序，现在把我的程序也加入其中，我使用CGI来实现发送硬件命令，用Python来发送命令和网页的信息，CGI需要直接发送套接字的信息。输入信息用环境变量来传输，POST信息用stdin管道来传输，而GET更容易访问并且更容易读取，只不过数据不能过多，因此我使用GET来接收数据。用pyserial来发送命令，如访问这个网页就可以获得传感器3的信息：http://主机的访问地址/cgi-bin/command.py?command=g3y。

这样毕竟有些麻烦，所以我也设置了一个图形界面，单击右上角的”功能”就可以切换到功能界面，单击”高级”就可以切换到命令发送界面从而发送命令，如图10.8所示。这样就可以方便地查看信息，以后也可以更改偏好。但这个功能没有设定锁，所以可能会和数据获取程序冲突。锁可以用类似opkg的方式来存储，信息可以存储在/tmp中的文件里。

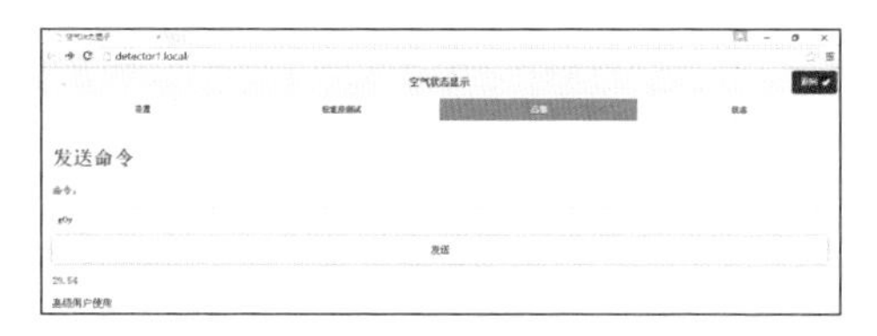

图 10.8　命令发送界面

10.4.4　实时信息的查看

图表是默认每30s更新一次数据的，如果要查看当前数据，发送命令是可以的，更方便的办法是单击”功能”，不仅可以获取实时信息，还可以获取偏好，如图10.9所示。

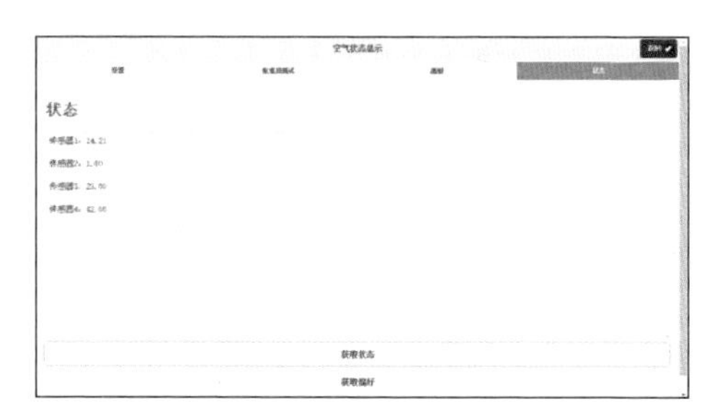

图 10.9　获取实时信息和偏好

10.4.5　设置存储的原理

如图10.10~图10.12所示，设置分3种：第一种是信息上传和获取的设置，这部分是由主芯片控制的，存储在主芯片里；第二种是偏好设置，里面包含校准信息，是由单片机控制的，存储在单片机的EEPROM里；第三种是显示设置，如显示多少点，这部分对于不同屏幕，设置是不同的，如计算机可以多显示一些，而平板电脑和手机就少显示一些，因此以Cookies的方式存储，我使用了js.cookie。

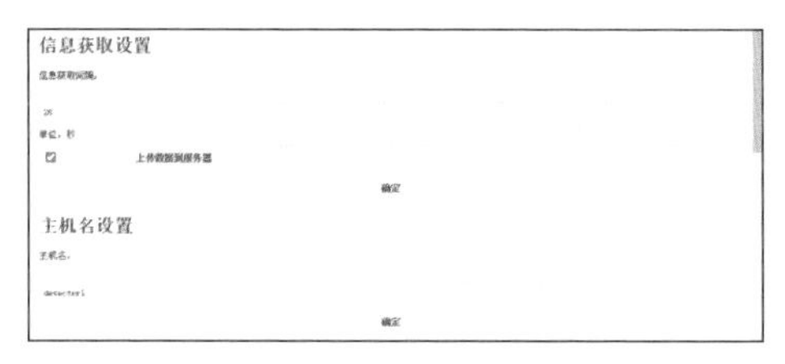

图 10.10　信息上传和获取的设置

图 10.11　偏好设置

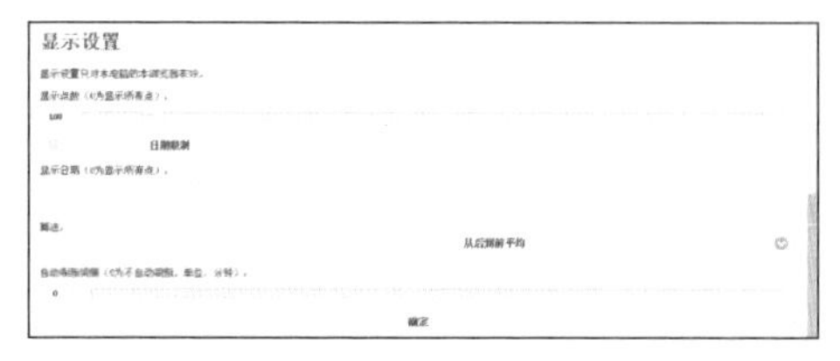

图 10.12　显示设置

10.4.6　数据的清空

对于服务器的数据清空，我用了一个PHP来实现。对于本地数据的清空，只需要单击”功能”按钮，在设置的底下就有这个按钮，如图10.13所示。实现的方式也是通过CGI，编写语言是Python。实现代码很简单，就是用w模式打开datalog文件再关闭，就达到清空数据的目的。

■ 图 10.13 清空数据

10.4.7 自动刷新功能

我没有使用简单的meta标签来实现自动刷新，这是因为meta标签不好更改自动刷新的间隔，毕竟我用的是静态html，而刷新的间隔又是存在Cookies里的。我使用了setInterval的JavaScript函数，这个函数会调用autorefreash函数，执行location.reload()进行刷新。刷新的时间间隔是可以设置的，我用了一个Sliderbar来供用户设置范围。

10.4.8 图形化系统管理

目前的数据显示网页还不能做到设置系统信息和管理系统的功能，因为盒子使用OpenWRT，所以可以使用OpenWRT自带的LuCI管理器来管理系统。LuCI的默认端口是80，也就是HTTP的默认端口，因此我通过修改系统的uhttpd设置把LuCI的端口设置成了81，以免冲突。

通过"http://主机访问地址:81"这个地址就可以方便地管理和控制系统里的东西了，这个管理功能是很强大的，如设置主机名、网络接口、防火墙和安装卸载软件包等。

10.4.9 表格的生成

如果觉得默认的显示方式不方便分析，还可以用"下载表格"按钮来下载表格。这里生成的是CSV表格，因为这种表格比较容易生成。我使用JavaScript来生成a标签，通过a标签的download的HTML5属性来确定下载文件的文件名。下载后的文件可以直接打开，如图10.14所示。

A1   fx   Sensor0

	A	B	C
1	Sensor0		
2	Date	Time	Value
3	2015/11/13	20:29:27	33.51333333
4	2015/11/13	20:30:57	32.20666667
5	2015/11/13	20:32:27	31.75
6	2015/11/13	20:33:57	28.69333333
7	2015/11/13	20:35:27	30.81
8	2015/11/13	20:36:57	30.58333333
9	2015/11/13	20:38:27	33.05333333
10	2015/11/13	20:39:57	34.78
11	2015/11/13	20:41:27	31.59
12	2015/11/13	20:42:57	30.12666667
13	2015/11/13	20:44:27	27.84666667

■ 图 10.14 CSV 表格

10.4.10 扩展接口的设置

由于传感器或者数据获取原因，获取到的数据并不是很精确（如DHT11的温度精度只有0.5℃），因此我还把单片机闲置的串口作为扩展接口，配合使用串口的传感器或者接另一个单片机，可以获取更多种类和更精确数据。当然，这需要修改单片机程序和获取、分析程序才可以。

10.4.11 无线支持

主芯片AR9331支持无线802.11b\g\n网络，和市面上的一些路由器的主芯片相同，理论上是可以无线联网的，设置方法就需要知道一些比较高级的知识了。如果家里没有网络，也能通过设置使用盒子，只是缺少上传功能，但是仍然可以分析。可以通过OpenWRT的LuCI来设置无线状态从而连接无线网络，用SSH登录，以命令行修改也是可以的。

10.5 成品展示

智能盒子内部实物图（见图10.15、图10.16）并不好看，因为我使用了自己切割和粘贴的透明外壳，不精确，内部也有胶痕，如果定制外壳就可以避免。使用印制电路板也可以避免内部焊接出现的凌乱问题。

图10.17所示是用Chrome访问看到的界面，图10.18所示是用手机访问看到的界面，已经和应用程序没什么差别了，使用却比应用程序简单，不需要下载，添加到主屏幕上还能以和应用差不多的方式访问。

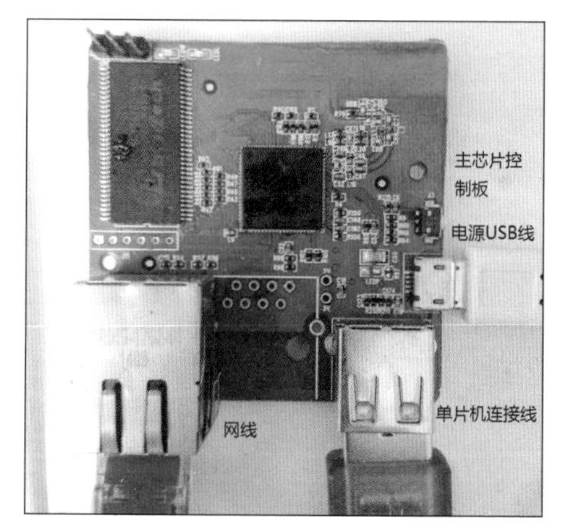

图 10.15　智能盒子内部 1

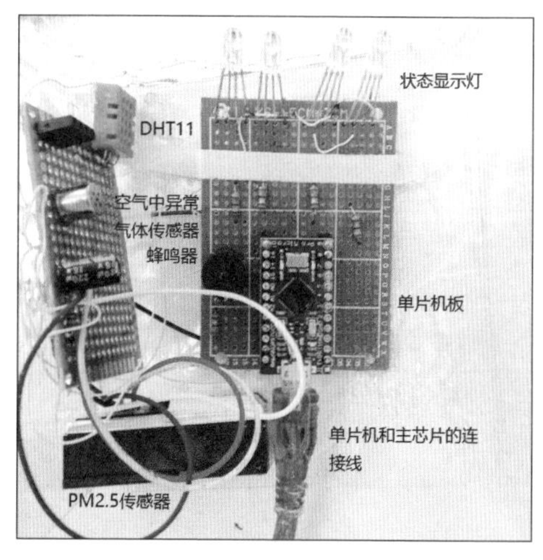

图 10.16　智能盒子内部 2

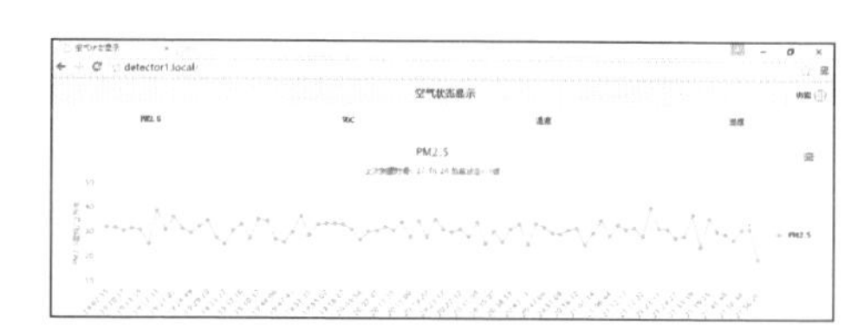

图 10.17　用 Chrome 访问看到的界面

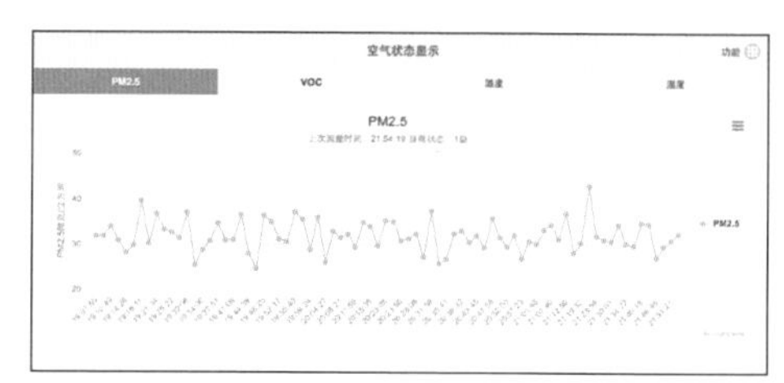

图 10.18　用手机访问看到的界面

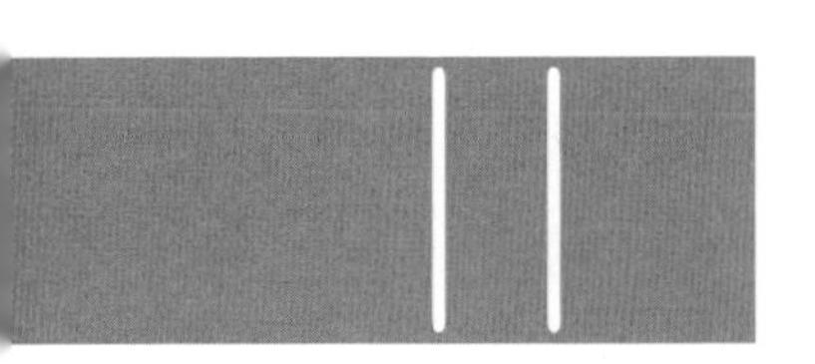

自动遮阳、浇水装置

◇张婧　陈啸　陈妙莲

炎炎夏日，大多数植物不易生长，特别是生长在阳台上的花花草草。原因一是水泥地面在阳光照射下，温度可以超过40℃；二是土层太薄，到不了中午，泥土里储存的水分就被消耗光了。针对这两个问题，我一直在琢磨做个自动遮阳、浇水的装置。

11.1　要实现的功能

为了避免太阳暴晒，当温度大于32℃时，自动打开遮阳网；当温度低于29℃时，自动收回遮阳网。当土壤的湿度低于80%时，启动水泵，浇水10s。

11.2　准备硬件

为了安装可以伸缩的遮阳网，我们先要搭个架子。首先丈量阳台的大小，再用SolidWorks设计出架子的样子（见图11.1）。接着拿打印好的图纸去水暖配件商店，让店家按照尺寸切割、绞丝，交完加工费后就可以搬回家组装。

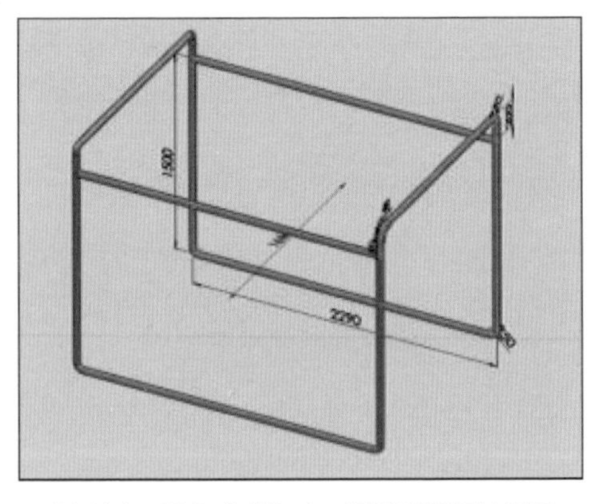

■ 图 11.1　用 SolidWorks 设计出架子的样子

其他需要准备的材料见表11.1，各部分的连接方法如图11.2所示，连接好的实物如图11.3所示。Arduino pin2连接轻触按钮，

表 11.1　材料清单

序号	材料名称	主要用途
1	Arduino Ethernet 网络控制器	除 Arduino 的功能外，可直接将数据上传至 Yeelink
2	土壤温湿度检测传感器	测量土壤的温度及湿度
3	继电器 1	浇水
4	水泵	步进电机转动，带动链条，链条再带动遮阳网伸缩
5	继电器 2	
6	直流电源（24V）	
7	步进电机驱动器	
8	步进电机	
9	链条	
10	网线（并连接互联网）	将数据上传至 Yeelink

Arduino pin3连接LED，Arduino pin4连接温湿度传感器的DATA引脚，Arduino pin5连接温湿度传感器的SCK引脚，Arduino pin6连接继电器1（控制220V小水泵），Arduino pin7连接继电器2（控制24V电源），Arduino pin8控制步进电机正转，Arduino pin9控制步进电机反转。步进电机转动将带动链条，链条再带动遮阳网伸缩（见图11.4），遮阳网在架子上的伸缩效果如图11.5和图11.6所示。Yeelink上的数据如图11.7所示，可在电脑或手机上实时查看最新数据或历史数据。

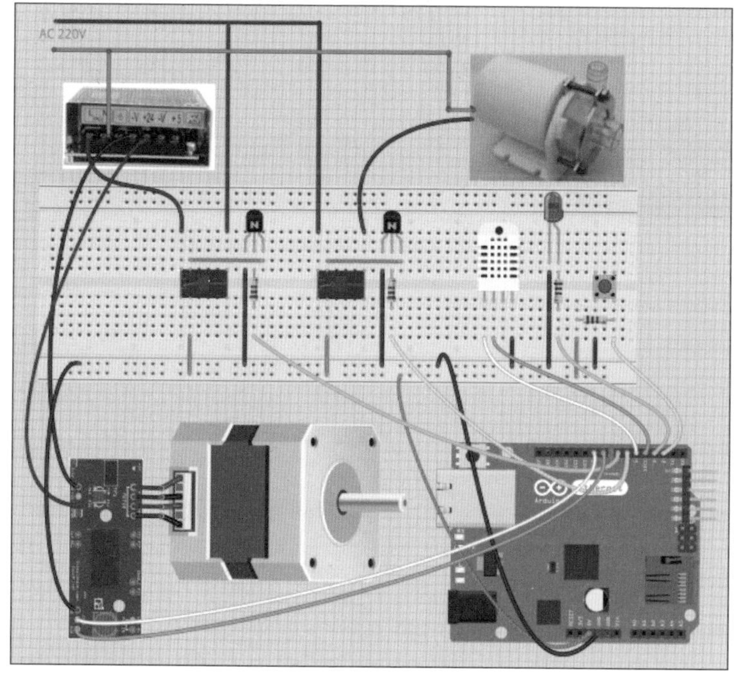

图 11.2　连接方法

图 11.3　连接好的实物

图 11.4　减速步进电机带动链条，再带动遮阳网

■ 图 11.5 遮阳网未打开

■ 图 11.6 遮阳网完全展开

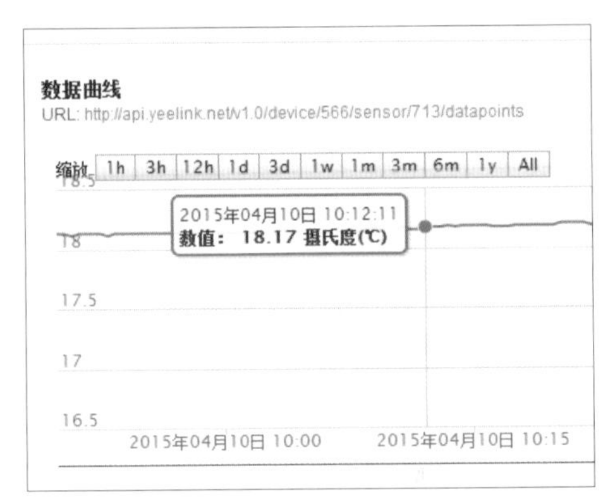

■ 图 11.7 Yeelink 上的数据

11.3 代码思路

程序流程如图11.8所示，整个过程一目了然，就不多解释了。

注：万一遮阳网在展开状态，停电后又来电，程序重新开始运行，就会认为遮阳网是未展开的。当温度大于32℃时，遮阳网会继续展开，造成机械部分损坏。加入此判断后，停电后再来电，需要人工判断遮阳网是否处于收回状态。此时先要按下按钮，程序才能继续运行。

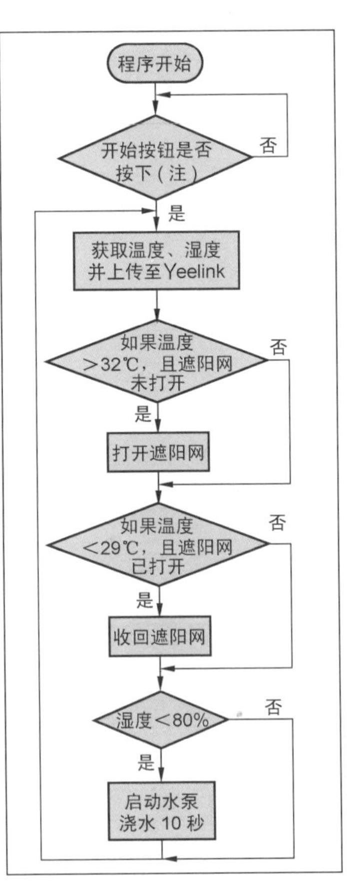

■ 图 11.8 软件流程图

```
/*
加载温湿度传感器的库文件
库文件下载地址:
http://www.arduino.cn/thread-3580-1-1.html
*/
#include <Sensirion.h>
/*
加载上传数据到 Yeelink 的库文件
库文件下载地址:
http://bbs.yeelink.net/thread-195-1-1.html
*/
#include <Ethernet.h>
#include <WiFi.h>
#include <SPI.h>
#include <yl_data_point.h>
#include <yl_device.h>
#include <yl_w5100_client.h>
#include <yl_wifi_client.h>
#include <yl_messenger.h>
#include <yl_sensor.h>
#include <yl_value_data_point.h>
//-------所有库文件加载完毕--------//
//------------定义变量------------//
unsigned long time; // 计时
float temperature; // 温度
float humidity; // 湿度
float dewpoint; // 露点
boolean temp_humi,net;
yl_device ardu(566); // 设置设备编号
yl_sensor therm(713, &ardu); // 设置传感器编号
Sensirion tempSensor  = Sensirion(4,5);
yl_w5100_client client;
yl_messenger messenger(&client,  "2a20600399eaa57eb****f4b2d1", "api.
yeelink.net");
// 初始化各端口
void setup(){
  pinMode(2,INPUT);
  pinMode(3,OUTPUT);
  pinMode(6,OUTPUT);
  pinMode(7,OUTPUT);
  pinMode(8,OUTPUT);
  pinMode(9,OUTPUT);
  byte mac[] = {0xAA, 0xBB, 0xCC, 0xDD, 0xEE, 0xFF };
  Ethernet.begin(mac);
}
void loop(){
  // 按钮被按下，且持续时间 > 1s
  while(1){
    time=millis();
```

```
    while(digitalRead(2)==HIGH)  //按钮被按下时，死循环
    {
      delay(10);
    }
     if (millis()-time>1000) //判断按钮被按下的时间是否>1s
    {
      digitalWrite(3,HIGH);
      goto bailout; //跳出至标记
    }
  }
  bailout: //标记
  //获取温度、湿度（露点没用上）
  tempSensor.measure(&temperature,&humidity,&dewpoint);
  /*上传至Yeelink，因本人能力有限，未能实现一次同时上传温度、湿度两项数据，使用了
  个变通的方法，第一次上传温度，第二次上传湿度*/
  if(temp_humi){
    yl_sensor therm(713, &ardu);
    yl_value_data_point dp(temperature); //第2、4、6、8……次上传温度
    therm.single_post(messenger, dp);
    temp_humi=false;
  }
  else{
    yl_sensor therm(6533, &ardu);
    yl_value_data_point dp(humidity); //第1、3、5、7……次上传湿度
    therm.single_post(messenger, dp);
    temp_humi=true;
    }
  delay(1000 * 12); //Yeelink两次数据时间间隔不得少于10s
  //温度>32℃且遮阳网未打开
  if(temperature>32 and net==false){
    digitalWrite(7,HIGH); //给24V电源通电→给驱动器供电
    delay(2000);
    for(int i=0;i<13000;i++) //产生13000个脉冲，即步进电机走13000步
    {
      digitalWrite(5,HIGH);
      delayMicroseconds(250);
      digitalWrite(5,LOW);
      delayMicroseconds(250);
    }
    delay(500);
    net=true; //让单片机记住：遮阳网的状态是“展开”
    digitalWrite(7,LOW); //当电机不转时，就不需要24V电源；关掉可以节能
  }
  //温度<29℃且遮阳网已打开
  if(temperature<29 and net==true){
    digitalWrite(7,HIGH);
    delay(2000);
    for(int i=0;i<13000;i++)
    {
```

```
      digitalWrite(6,HIGH);
      delayMicroseconds(250);
      digitalWrite(6,LOW);
      delayMicroseconds(250);
    }
    delay(500);
    net=false; //让单片机记住：遮阳网的状态是“收回”
    digitalWrite(7,LOW);
    }
  //当湿度<80%时，启动水泵持续10s
  if (humidity<80){
    digitalWrite(6,HIGH);
    delay(10000);
    digitalWrite(6,LOW);
  }
  goto bailout; //跳至标记
}
```

12 远程洗手间使用状态指示装置

◇吴雷

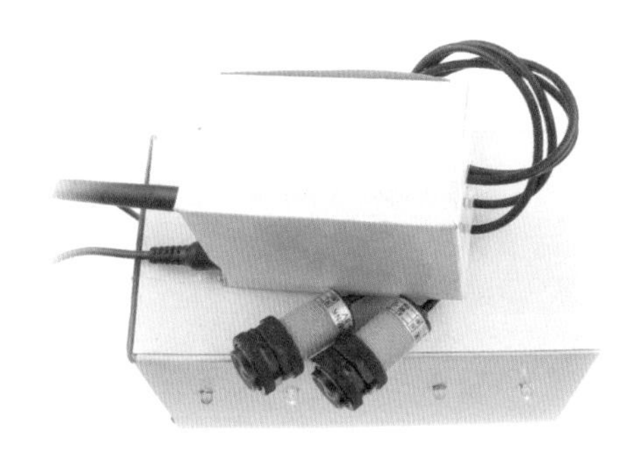

俗话说“寸金难买寸光阴”，人生最宝贵的就是时间。日常生活中，我们不经意就把时间给浪费掉了，比如在公司许多人排队上洗手间，你往往会频繁往返于办公桌与洗手间之间，时间就悄然流逝了，然而使用简单易用的Arduino制作一款远程洗手间使用状态指示装置，就能够让更多的人抓住时间。这也是时下很时髦的名词——“物联网”的一种应用。下面就跟着我一起来抓住时间吧！

远程洗手间使用状态指示装置与火车、飞机上的洗手间使用状态装置类似，不同的是，我们是通过无线方式将数据传输到较远的地方，方便离洗手间远的人了解洗手间的使用状况。

该装置由一个检测装置和一个终端设备组成。检测装置通过红外接近开关检测洗手间的门是打开还是关闭状态，然后通过无线方式传输数据到终端设备，我们通过辨别终端设备上的LED的颜色来判断洗手间是否在使用，这样便可以实时了解洗手间的使用状况，大大节省了我们在外等候的时间。无线传输距离在无障碍状态下可达1000m左右，在室内也能达500m左右。该装置适合于人多、洗手间少的场所，如公司、餐厅、商场等。

12.1 项目材料

项目原理和图12.1所示。项目需要准备的材料如图12.2和表12.1所示。

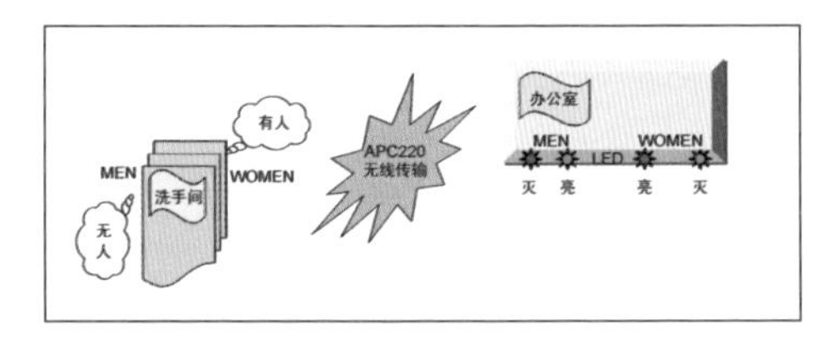

图 12.1 项目原理解析图

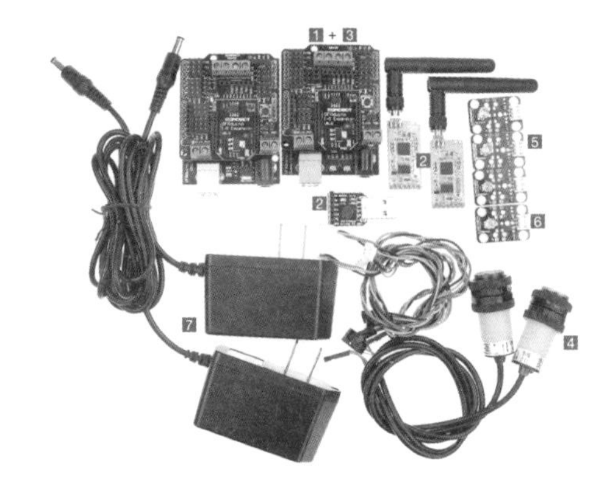

图 12.2 需要准备的材料

表 12.1 需要准备的材料

材料	数量
1 Arduino Duemilanove 328	2 个
2 Arduino APC220 USB 无线数据传输模块	1 套
3 Arduino 传感器扩展板 V5	2 个
4 Arduino 数字红外接近开关	2 个
5 Arduino 红色 LED 发光模块	2 个
6 Arduino 绿色 LED 发光模块	2 个
7 7.5V 电源适配器	2 个
8 纸盒	2 个

12.2 制作过程

1 首先配置 APC220。APC220 模块的使用相当灵活，可以根据需求设置不同的参数。使用 APC220 模块自带的 USB 适配器连接到电脑上（USB 适配器需要安装驱动程序），打开 RF-ANET 软件，将 RF Frequency 设置为 434，RF TRx Rate 和 Series Rate 都配置为 9600bit/s，然后选择 PC Series 的端口，即 USB 适配器的 COM 端口，软件的状态栏会显示“Found device”（发现模块），最后点“Write”按钮进行写操作，模块就配置完毕了。注意两只 APC220 要配置相同的参数。

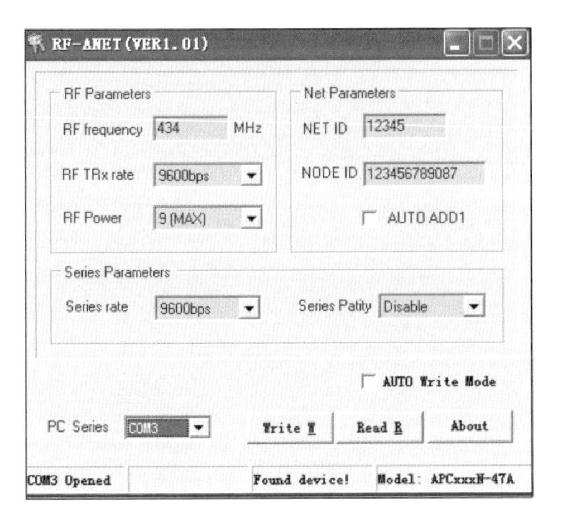

2 分别将两个 Arduino 传感器扩展板 V5 插到 Arduino Duemilanove 328 上。先将两个红外接近开关分别插到其中一个 Arduino 传感器扩展板 V5 的数字口 7 和 8 引脚，然后将红外接近开关的检测距离调至最小，做成检测装置。注意，两个 Arduino 数字红外接近传感器用 USB 供电无法正常使用，需要使用电源适配器供电。

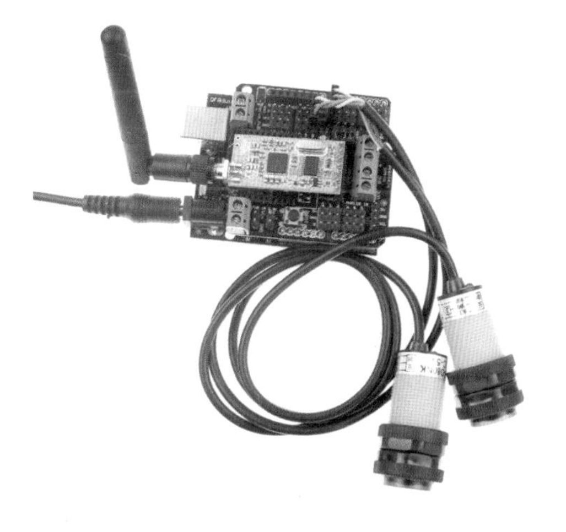

3 在另一个 Arduino 传感器扩展板 V5 的数字口 7 和 8 引脚分别插上红色 LED 发光模块，数字口 6 和 9 引脚分别插上绿色 LED 发光模块（红灯表示有人使用，绿灯表示无人），做成终端设备。

❹ 将编译好的程序分别下载到检测装置和终端设备上。注意，下载程序之前需要取下 APC220。

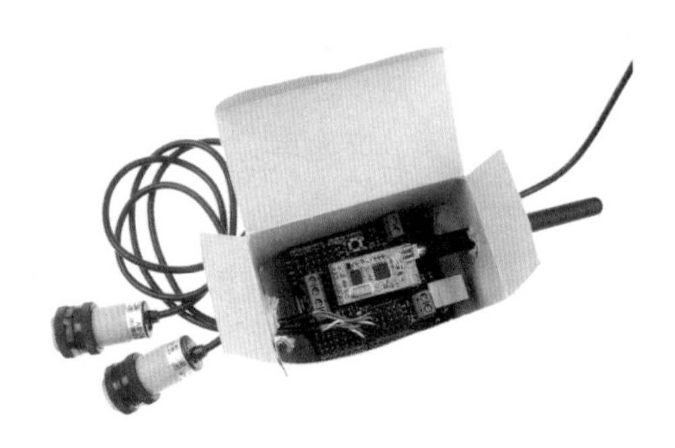

❺ 做好以上工作，就可以将检测装置和终端设备分别装到两个纸盒中。注意，如果装到铁盒中，无线模块的天线需要露出来。

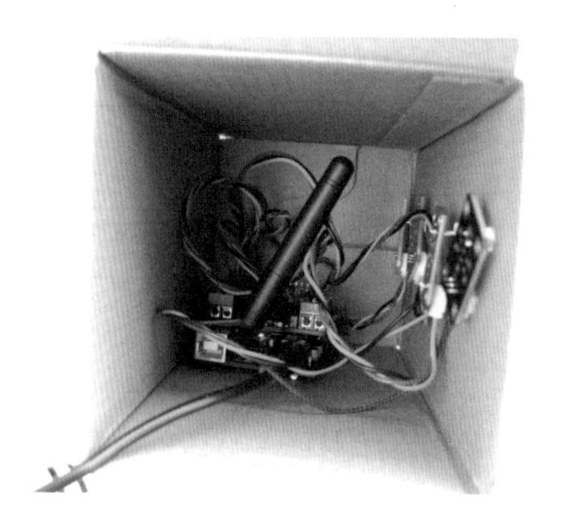

❻ 将检测装置安装到洗手间的门框上，能够检测到关门和开门即可。将终端设备放在办公桌上，通上电就大功告成了。

12.3 展望

有兴趣的朋友可以制作多个终端设备，让大家都能实时掌握洗手间的使用状况。这个制作很有意思，也有实用价值吧？那就赶紧行动吧！

■ **相关程序可以到《无线电》杂志网站** www.radio.com.cn **上下载，相关套件可通过《无线电》杂志发行部与官方淘宝店** boqu.taobao.com **购买。**

手势解锁门禁

◇陈盛　杨洁　李守良

随着安卓智能手机的兴起，安卓手机的图形锁（九宫格）越来越被人们所熟悉和喜爱。再联系生活中常见的电子锁，倘若利用九宫格来解开生活中的实体锁肯定比较酷，于是我们就诞生了设计使用九宫格解锁的门禁的想法。当然，直接买一个解锁屏价格比较高，也无法展示我们的水平，于是，我们在温州中学DF创客空间里面找到了一些器材，经过筛选，最后选择使用传感器和Arduino等器材制作一个手势解锁门禁。

13.1　电子锁的工作原理

电子锁一般支持两种开锁方式：一种使用传统钥匙配对开锁，另一种使用外部电信号控制开锁（见图 13.1）。当外界输入的信息正确时，电源向接口处输入 12V 的电信号，电子锁自动触发打开。

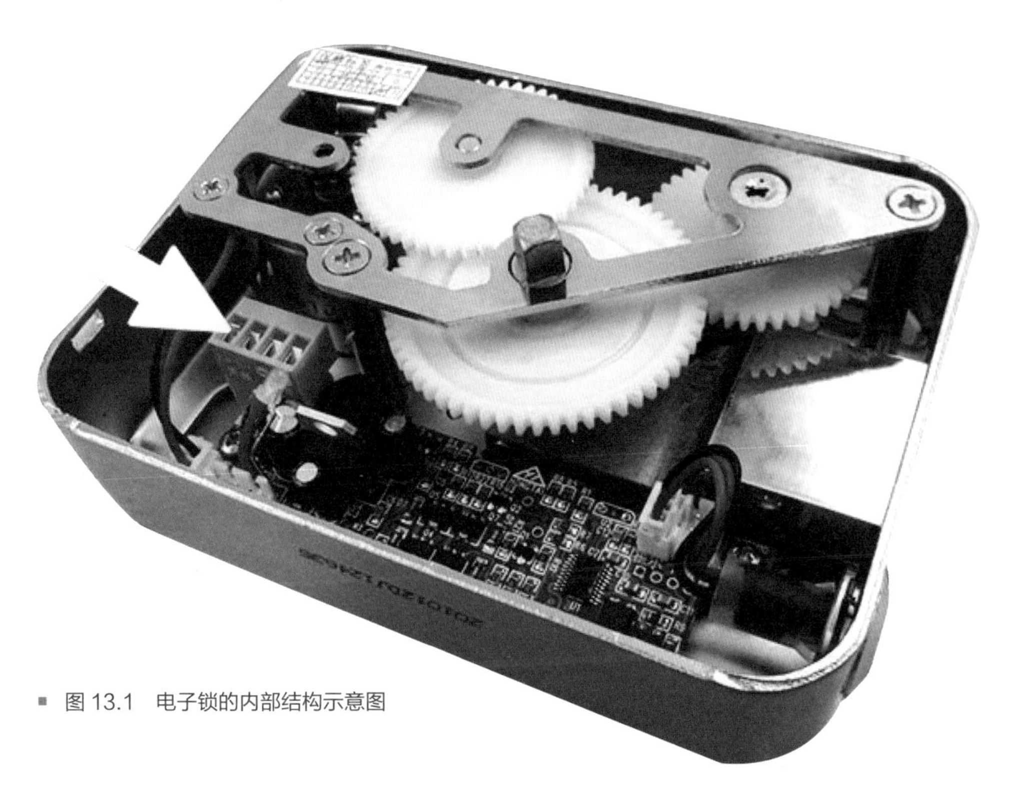

■ 图 13.1　电子锁的内部结构示意图

13.2 基于 Arduino 的手势解锁门禁的设计

在设计“手势解锁门禁”之前，我们需要理清基本设计思路。我们模拟手机九宫格开机的原理制作“手势解锁门禁”，采用的图形锁（九宫格）是3×3的点阵，按次序连接数个点从而达到锁定/解锁的功能，如图13.2所示。其实，我们可以把这9个点看成是9个传感器。

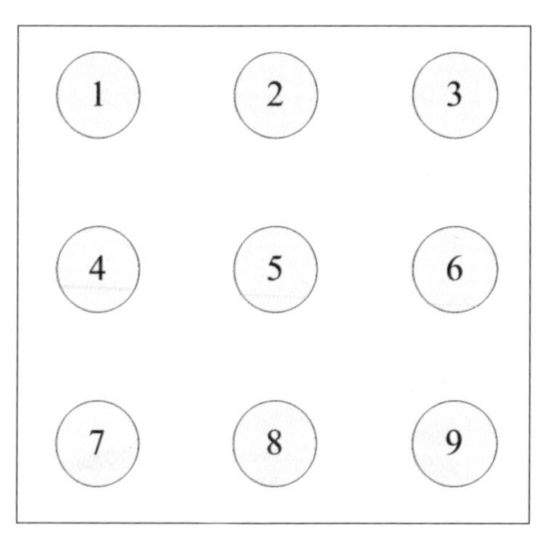

图 13.2 九宫格

“手势解锁门禁”需要接收外界手势信号的输入，该信号的输入满足两个条件：模拟九宫格的形式形成手势输入；当手接近时可以向单片机输出低电平，远离时输出高电平。通过筛选创客空间里的器材，我们选择了DFrobot的数字防跌落传感器，该模块可以检测10cm内的障碍物，如图13.3所示。

Arduino只能输出5V的电压，但是电子锁解开需要12V的电压，这需要一个电压转换模块。这个难不倒我们，创客空间里有几个继电器模块。我们使用电磁继电器（见图13.4），它可以实现通过低电压控制高电压的功能。

那么Arduino如何正确判断手势输入是否成功呢？如果没有外界的提示，我们很难判断。因此我们引入了常见的蜂鸣器模块（见图13.5），当Arduino成功接受一个数字时，蜂鸣器就会发出声音。

当我们在开锁后或输入错误后想重新输入，该怎么判断系统已经重新清空运行了呢？我们决定使用LED模块（见图13.6）来实现提醒。设定只有在LED闪烁之后才可以重新输入。

图 13.3 数字防跌落传感器

图 13.4 电磁继电器

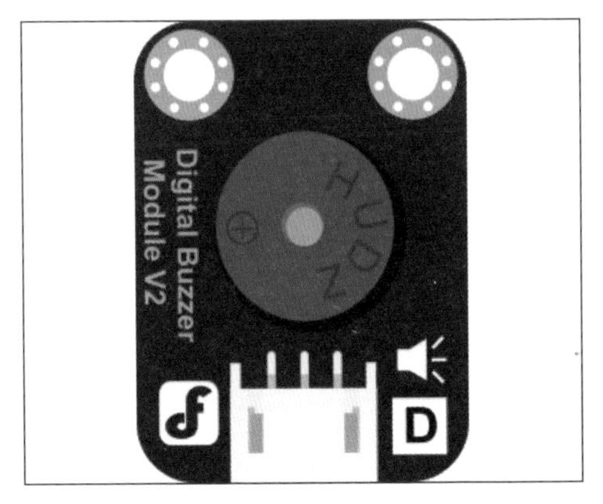

■ 图13.5 蜂鸣器模块

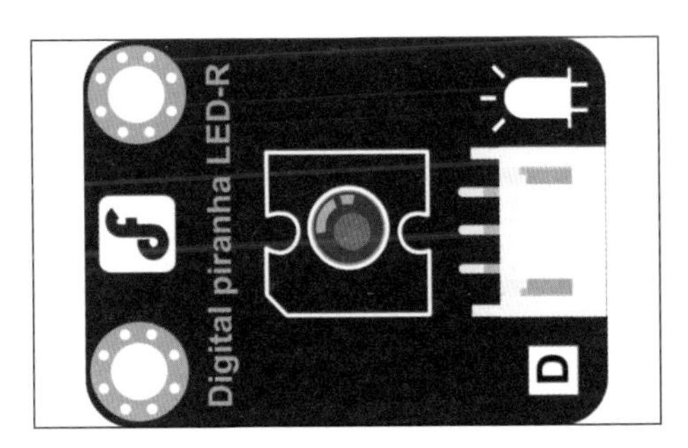

■ 图13.6 LED 模块

13.3 程序设计

在开始编写代码前，我们需要对模块所用的端口进行设定，见表13.1。硬件方面，也要同样对应连接，即Arduino的2~10号数字端口连接9个防跌落传感器，13号数字端口连接继电器，12号数字端口连接蜂鸣器，11号数字端口连接LED。

表13.1 端口设置

模块	端口	输入\输出
9个数字防跌落传感器	端口D2~D10	输入
电磁继电器	D13	输出
LED	D12	输出
蜂鸣器	D11	输出

我们设定的解锁密码是“6-9-8-7”，程序的头部设定如下。

```
#define RELAY_PIN 13
#define LIGHT_PIN 12
#define BUZZ_PIN 11
int Password[4]={6,9,8,7};
int Input[9];
bool Inputed[11];
```

根据端口输入和输出的设定，还有默认初始情况下电磁继电器和LED要设为低电平，初始化代码如下。

```
void setup()
{
  for(int i=2;i<=10;i++)
  pinMode(i,INPUT);
  pinMode(RELAY_PIN,OUTPUT);
  pinMode(LIGHT_PIN,OUTPUT);
  pinMode(BUZZ_PIN,OUTPUT);
  digitalWrite(RELAY_PIN,LOW);
  digitalWrite(LIGHT_PIN,LOW);
  Serial.begin(9600);
  return;
}
```

接下来，我们需要写手势门禁实现密码控制的核心代码。我们首先定义了一个Unlock()函数。该函数是从输入第一个数字开始记录，到4个数字都输入结束后，对这4个数字组成的数组进行判断。这要求输入的内容与密码顺序完全一致才能够打开门锁。

```
bool Unlock()
{
  Serial.println("In Unlocking
  Progress.");//to debug
  for(int InputCount=0;InputCount<4;)
  {
  for(int i=2;i<=10;i++)
  if((digitalRead(i)==LOW) &&
(!Inputed[i]))
```

```
      {
        Inputed[i]=true;
        Input[InputCount++]=i-1;
        Serial.print("Input =");
        Serial.println(i-1);
        digitalWrite(BUZZ_PIN,HIGH);
        delay(1000);
        digitalWrite(BUZZ_PIN,LOW);
        break;
      }
    }
    // to judge if it is the right
    key
    for(int i=0;i<4;i++)
    if(Password[i]!=Input[i])
    return false;
    return true;
  }
```

主循环代码通过调用Unlock()对每次输入的信息进行判断，在密码输入结束后，利用LED来提示解锁者解锁成功，在LED亮1s后对程序自动进行清零重置。

```
void loop()
{
  digitalWrite(LIGHT_PIN,LOW);
  if(Unlock())
  {
    digitalWrite(RELAY_PIN,HIGH);
    digitalWrite(LIGHT_PIN,HIGH);
    delay(1000);
  }
```

```
    for(int i=2;i<=10;++i)
    Inputed[i]=false;
    for (int i=1;i<=3;++i)
    {
      digitalWrite(LIGHT_PIN,HIGH);
      delay(150);
      digitalWrite(LIGHT_PIN,LOW);
    }
    digitalWrite(RELAY_PIN,LOW);
    return;
  }
```

13.4 总结

代码测试成功后，我们本来想直接把创客空间的门锁换了，想到很快就要装修了，就放弃了这个想法。于是，我们找个纸盒对其进行封装，如图 13.7 所示。我们对该手势解锁门禁进行了实际测试，发现效果不错，至少你再也不用担心密码以指纹的形式留在触摸板上了。

如果从实用性上看，这款手势解锁门禁还存在面积较大、外形比较粗糙和封装效果不好等问题，与市场上售卖的电子锁还存在一定的差距，我们后期将针对这些问题进一步修改、迭代。数字防跌落传感器的价格太高，可以使用普通的光敏传感器代替，直接焊接在洞洞板上。当然，我们还会在这个手势解锁的基础上再增加 RFID 解锁、人脸识别等解锁方式。

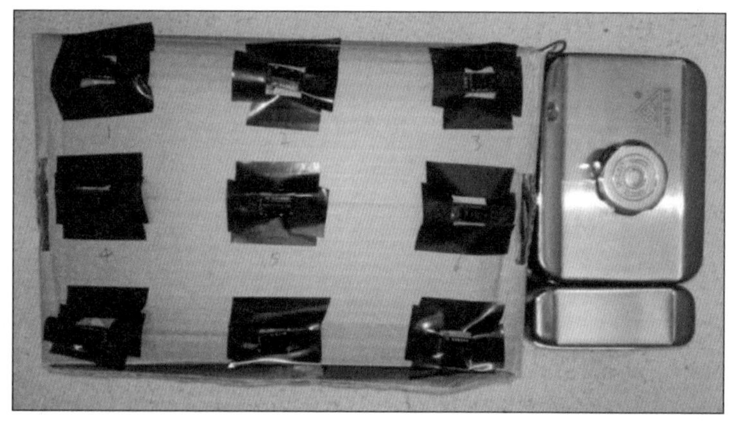

■ 图 13.7 手势解锁门禁外观

网络门禁控制系统

◇海特（Hector） 许腾

当前大多数办公场所门禁的远程控制都是基于有线的按钮来实现的。这样一种形式对办公场所布线以及相应的外设按钮有所要求，所以显得不够简洁和灵活。下面给大家介绍的这个小项目——网络门禁控制系统，是利用网络和无线通信技术，通过登录DIY的网页控制界面实现门禁系统的网络远程控制。

这个项目需要的硬件有：Arduino（开源硬件平台）、DFRobot Xboard、一对XBee无线通信模块，还有一个继电器。其中Arduino是继电器的下位机控制器，Xboard提供了与互联网连接以及数据通信的硬件接口，XBee模块将通过Xboard网络形式接收到的上位机信号指令以无线形式传输到Arduino控制器终端上，从而实现对继电器的控制。

除此之外，我们还需要的附加硬件有：FTDI 程序下载器、路由器、网线、电源、连接线。有了以上的硬件，就可以一步步来制作，完成这个简单而实用的DIY项目。

14.1 设置 XBoard

❶ 首先在 Xboard 的引脚上焊上排针，用来提供与 FTDI 程序下载器的接口，进行程序的烧写。焊接完成后，连接 FIDI 程序下载器下载程序。

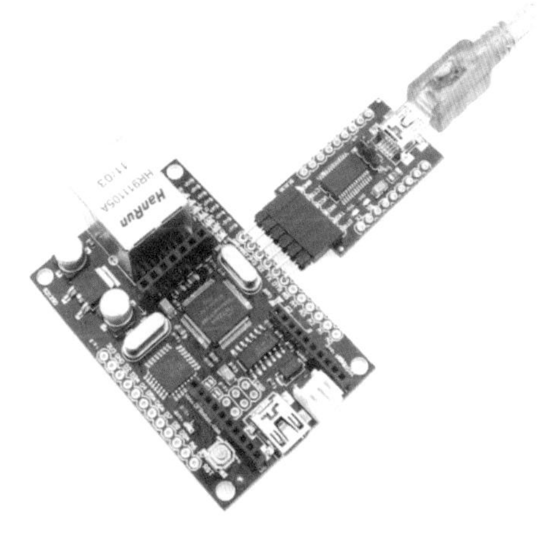

❷ 将连接 PC 端的 FTDI 程序下载器连接到 XBoard 上，并通过 USB 接口给 XBoard 供电。

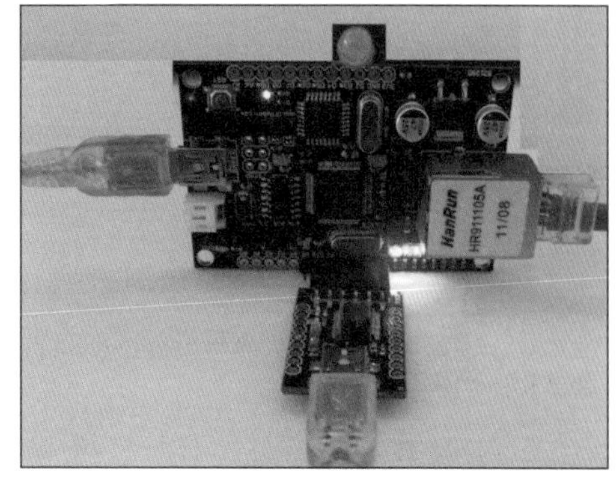

❸ 将改写好的样例代码下载到 XBoard 里面。操作步骤如下：

（1）打开 Arduino IDE 软件，将完整的样例代码复制到里面。

（2）将图中代码 A 处的 IP 地址（192.168.

0.177）更改为当前局域网的 IP。

（3）将图中代码 B 处的波特率更改为当前 XBee 模块的波特率。

（4）选择“tools → Boards → Arduino Fio”，将代码下载到 XBoard 里。

（5）最后将网线和 XBee 模块插到 XBoard 上。

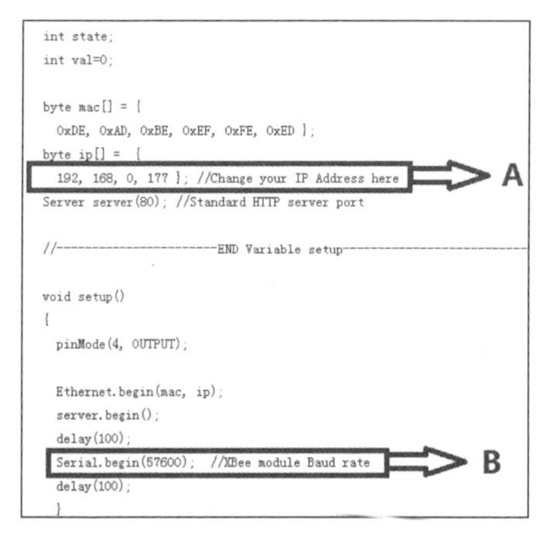

```
int state;
int val=0;

byte mac[] = {
  0xDE, 0xAD, 0xBE, 0xEF, 0xFE, 0xED };
byte ip[] = {
  192, 168, 0, 177 }; //Change your IP Address here
Server server(80); //Standard HTTP server port

//---------------------END Variable setup---------------------

void setup()
{
  pinMode(4, OUTPUT);

  Ethernet.begin(mac, ip);
  server.begin();
  delay(100);
  Serial.begin(57600);  //XBee module Baud rate
  delay(100);
  }
```


❹ 完成以上步骤后，可以打开浏览器输入相应的地址，如 192.168.0. 177，就会看到一个纯文本的网页页面，上面有一些相关的操作选项。这样，XBoard 设置这部分就完成了。

192.168.0.177

welcome to DFRobot

//**

//**

Open

Submit

DOOR status: OPEN

注意：（1）烧写代码时不能将 XBee 插在 XBoard 上。

（2）烧写过程中要通过 USB 接口给 XBoard 单独供电。

完整代码请到DFRobot官网下载。

14.2 设置 Arduino 控制器

作为接收指令和控制电子门禁的终端，Arduino需要有连接无线通信模块（XBee）的部分。这里我推荐使用的是DFRobot的IO扩展板，这块扩展板不但可以提供XBee模块的直接插口，而且还很容易让Arduino与其他的传感器连接。

❶ 首先将 Arduino 端的样例代码中的波特率修改为当前 XBee 模块的波特率。然后将代码下载到 Arduino 里面。

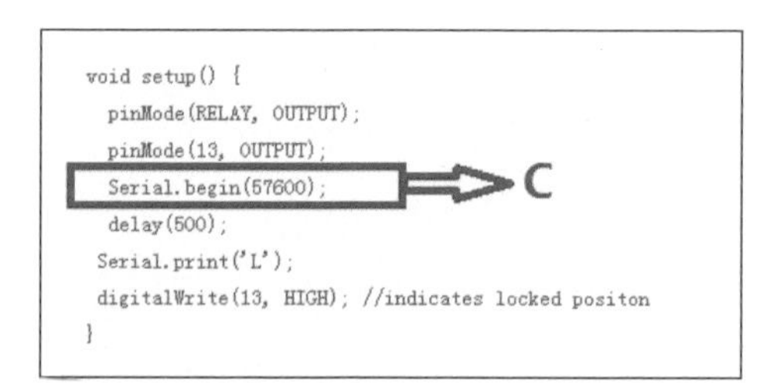

```
void setup() {
  pinMode(RELAY, OUTPUT);
  pinMode(13, OUTPUT);
  Serial.begin(57600);
  delay(500);
 Serial.print('L');
 digitalWrite(13, HIGH); //indicates locked positon
}
```


❷ 将 XBee 模块和继电器插到 Arduino 上的 IO 扩展板上。代码中，继电器连接的引脚定义在数字口 2 上，当然你也可以更改代码中的引脚定义。

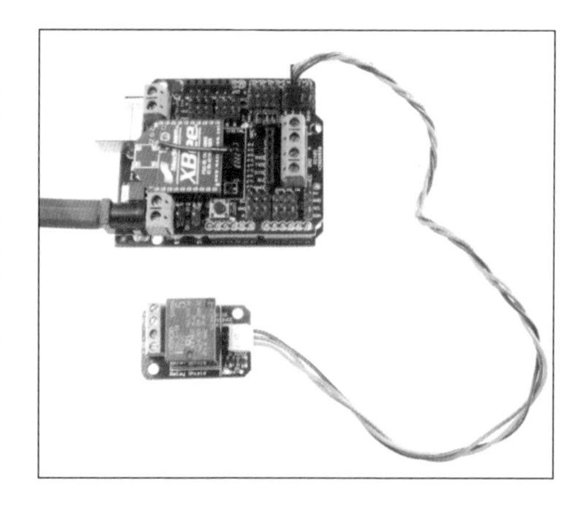

❸ 将继电器接入门禁电路。门禁以及其他电器的电路多为高电压的，接入时须注意安全。

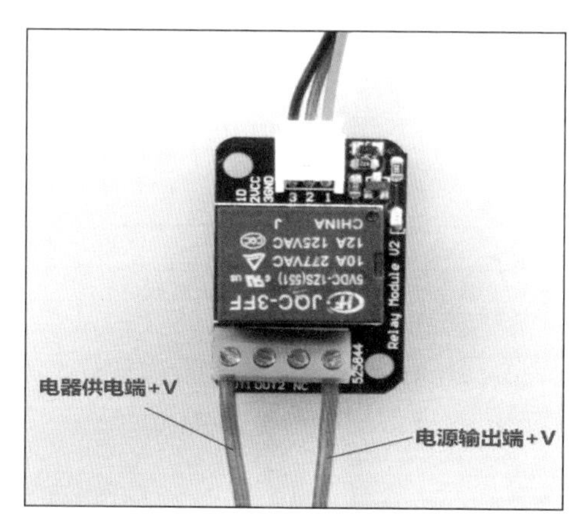

❹ 继电器的工作原理如图所示。对于Arduino 控制单元的供电可以直接使用外部 7 ~ 12V 的电池，也可以直接从电器供电端引入直流电压。例如，此案例中门禁的驱动电压为 16V 直流电压，可以通过降压模块将此电压直接降至 Arduino 标准供电电压来对 Arduino 进行供电。

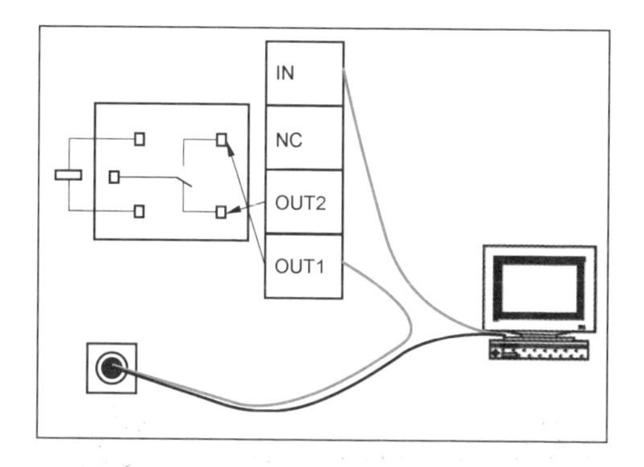

14.3 整体调试

确保电路连接正确后，打开浏览器，登录第一步中提到的网页页面。当你点击“open”和“submit”按钮后，听到继电器动作的声音时，就说明你成功了。如果整个系统有问题，很可能是两块XBee模块没有配对成功，或是数据通信有问题。

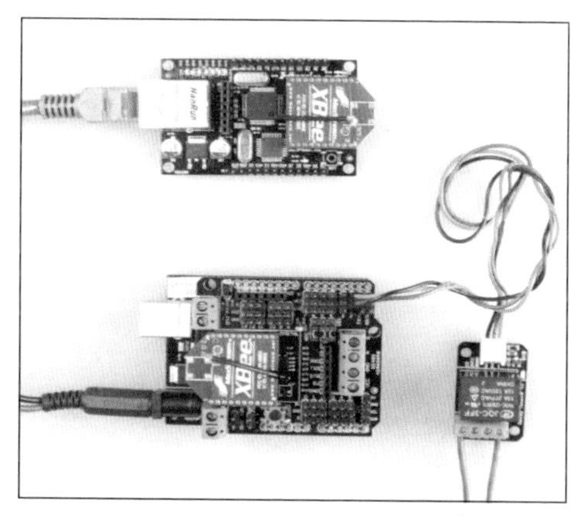

14.4 展望

有兴趣的朋友完全可以对这个项目进行升级改造，从而实现一个小型的智能家居网络控制系统。想想看，我们可以在办公室里通过电脑网络，或者通过手机网络来随时随地控制家里的各种电器设备。不仅如此，通过Arduino控制器改装的设备，还提供了可以自由DIY的可能。很有意思吧？那就赶紧行动吧！

开源低成本智能家居

◇潘可佳

本人是一名大二学生，去年开始接触Arduino时就决定将其融入寝室中，控制灯、饮水机、电风扇等。今年又尝试重写一个，对程序的要求就是：留出很大的扩展空间、主打网络控制、拥有良好的人机界面。

15.1 系统基本介绍

硬件要求见表15.1。副机可以自行选择设计成节点式（即一个Arduino+nRF24L01控制一个开关节点）还是单MCU多路式（即一个Arduino+ nRF24L01控制4个开关）。除此之外，还需要一个路由器、一个Yeelink（www.yeelink.net）账号。系统可以实现的功能见表15.2。

表 15.1 硬件要求

主机：
• 显示屏：Nokia5110（后期会适配 12864 的 OLED）
• 红外接收头
• 红外遥控器
副机：
• MCU：ATmega328P 或 ATmega168PA
• 2.4GHz 无线通信芯片：nRF24L01
• 交流电器控制：BT136 晶闸管、MOC3041 光耦

表 15.2 主要功能

• 直接红外遥控各路开关
• 定时开启，也就是预约功能
• 倒计时
• 通过网页进行局域网控制（客户端发送 pos 命令，系统获取并使控制页面做出响应）
• 通过 Yeelink 进行广域网控制
• 默认 4 路节点（这是受到 Yeelink 的限制，虽然可以扩展很多路，但会很卡）
• 网络自动同步时钟
• POE 供电
• 2.4GHz 无线通信
• 一键配置节点
• 预留 DHT11、18B20、I2C 接口、串口，具有充足的扩展空间

本文所涉及的PCB大多预留了ISP刷机座，烧写程序的方法不多阐述。在源代码中找到web.rar可以本地运行（见图15.1），我也将程序上传到了网上，见http://www.mudi-china.com/PKJ/arduino/room/，不过由于jquery的安全限制，现在仅支持PC和iOS端谷歌浏览器Chrome使用。

图 15.1 程序运行界面

15.2 主机打板+副机节点

你可以通过开源的PCB设计图制作出主机（见图15.2、图15.3、图15.4），副机节点（见图15.5、图15.6）我也提供了PCB设计图，不过想要集成在插座里的话，就要自己动手了（见图15.7、图15.8）。副机我是直接取插座上带的开关电源，5V转3.3V供电，你也可以另想办法。

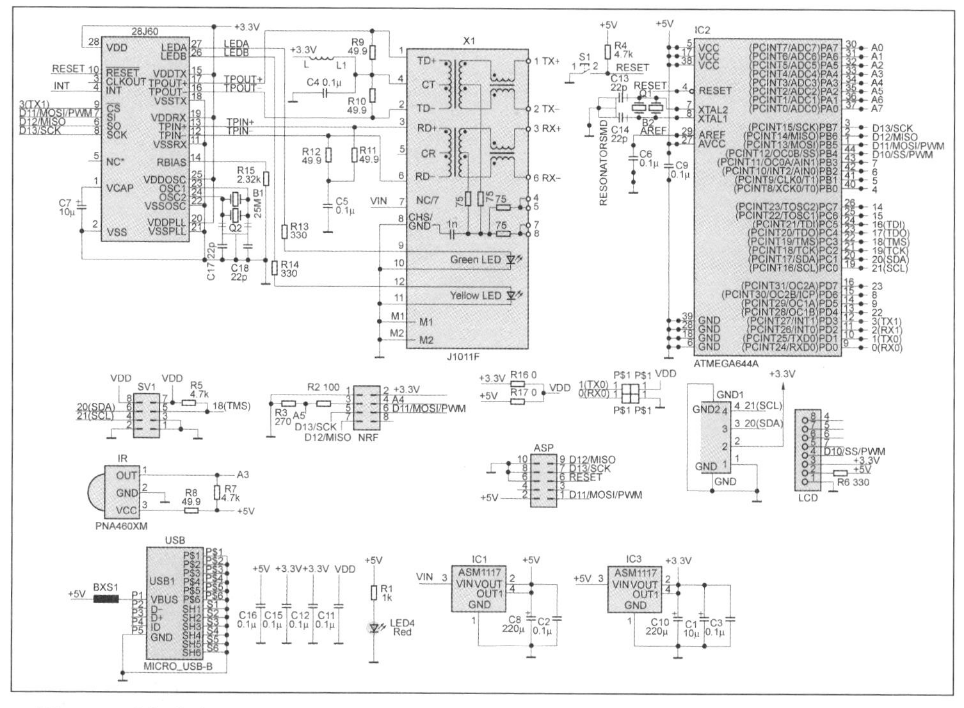

■ 图15.2 主机电路原理图

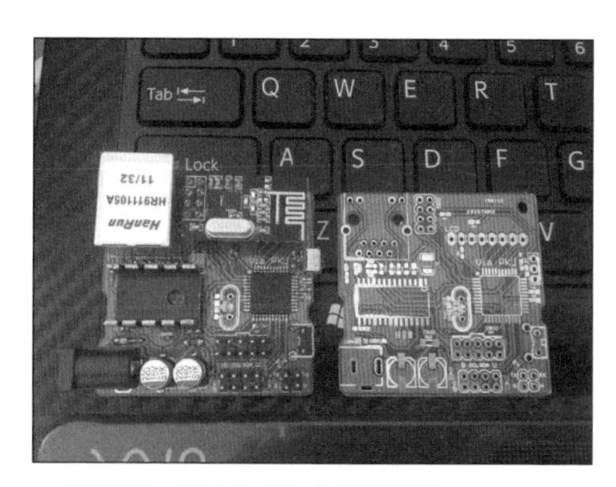

■ 图15.3 制作完成的主机电路板

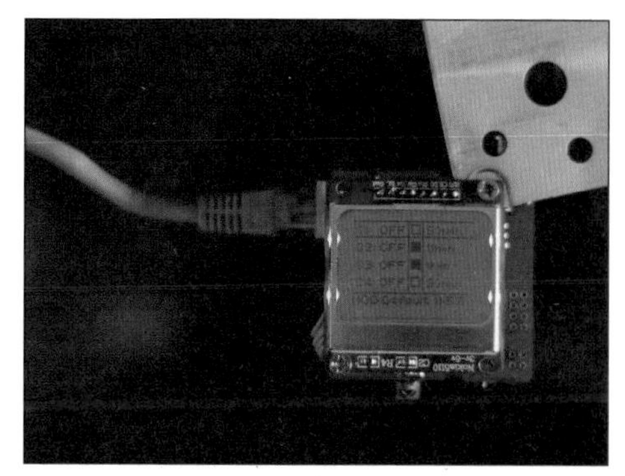

■ 图15.4 运行中的主机

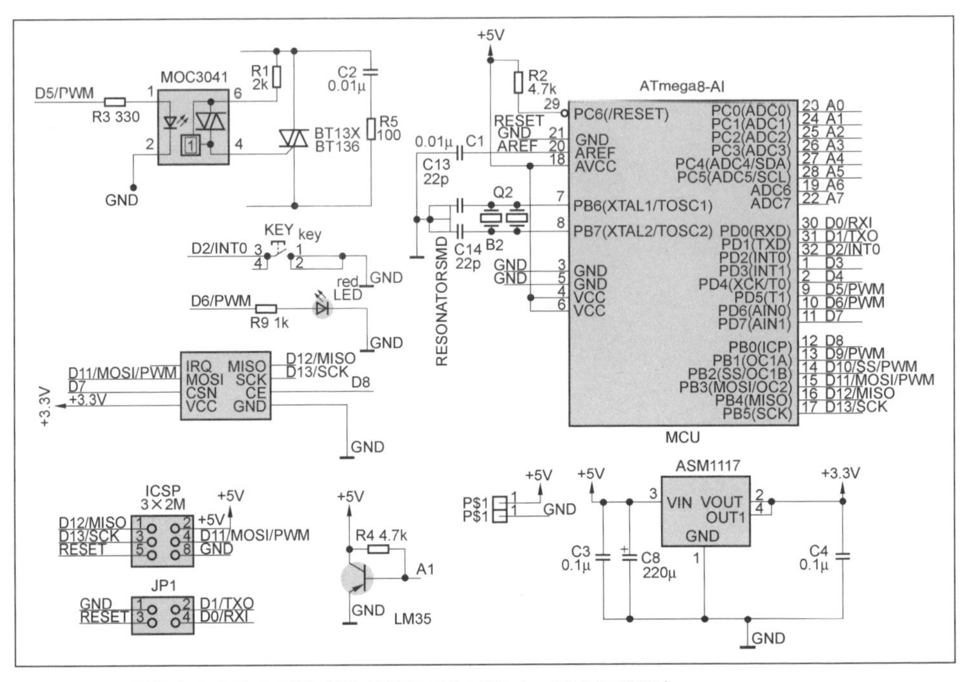

■ 图 15.5 副机节点电路原理图（没有预留 ISP 刷机座，需自行跳线）

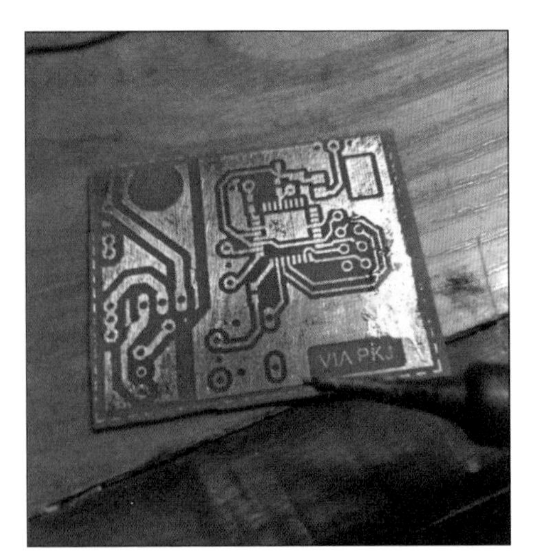

■ 图 15.6 制作完成的副机节点电路板

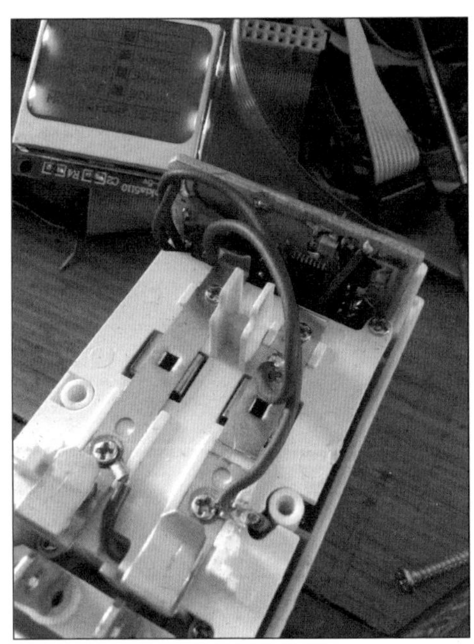

■ 图 15.7 将节点集成在插座中

■ 图15.8　集成了节点的插座

15.3　主机打板 + 副机多路式

主机的设计和上面的方案一样，副机设计也很简单：接上nRF24L01模块，引出几路信号线和地，接到晶闸管控制板就行了。

晶闸管控制板的PCB如图15.9所示，把上面的接线座当作墙壁里的开关（也就是火线的一部分）就可以控制交流电器了。如果是感性负载，晶闸管需要加上阻容滤波；如果是阻性负载，则可不加。

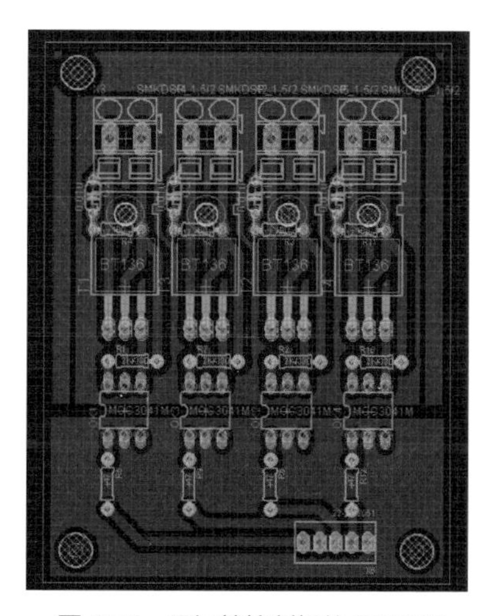

■ 图15.9　晶闸管控制板的PCB图

15.4　主机用Microduino搭建

使用Microduino搭建主机是最适合普通玩家的方案了。ATmega644、ENC28J60、nRF24L01、OLED，这些都能在Microduino里找到，你所要外接的仅仅是一个红外接收头。搭建过程从收到一套Microduino到移植程序、适配屏幕，我用了不到半天，其间还包括吃饭、逛超市、骑车、吃西瓜。

这里我用到了Microduino-Core+、Microduino-ENC28J60+Microduino-RJ45、Microduino-nRF24、Microduino-OLED，并且用到了Test-Microduino扩张板，因为这样我可以更方便地烧写程序，并且获取到3.3V的电压。再焊接一颗红外接收头（见图15.10），接好OLED到I²C线路上（在Microduino-Core+上是第20和21引脚，别搞错了，见图15.11），硬件就算制作完成了（见图15.12）。

■ 图15.10　我把红外接收头直接焊在了插针上

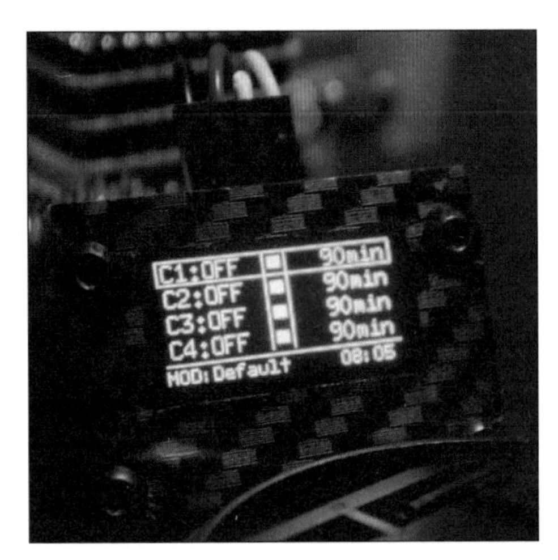

■ 图 15.11 OLED 的显示效果格外漂亮

■ 图 15.12 使用 Microduino 搭建的 Roomduino，无视那堆线吧，那是我用来跳 ASP 刷机用的

你可以使用ASP、Tiny ASP、Microduino- FT232R烧写程序。

Microduino也很适合结合洞洞板，不过副机依然要自己选择搭建方案，我现在并无量产、开模的能力。

15.5 软件配置

IP地址在主机程序段里设置一下即可。第一个是主机的IP地址（192.168.1.121），这个要和本地网页中的IP地址匹配，后面是路由器网关（192.168.1.1）。

```
static byte myip[]={192,168,1,121};
static byte gwip[]={192,168,1,1};
static byte dnsip[]={192,168,1,1};
```

Yeelink的ID——urlBuf0[ ]是Yeelink控制开关地址，剩下的urlBuf1[ ]~urlBuf4[ ]是4个节点，填好你的API就可以。

```
char website[ ] PROGMEM = "api.
yeelink.net";
char urlBuf0[ ] PROGMEM = "/
v1.0/device/xxx/sensor/xxx/";
char urlBuf1[ ] PROGMEM = "/
v1.0/device/xxx/sensor/xxx/";
char urlBuf2[ ] PROGMEM = "/
v1.0/device/xxx/sensor/xxx/";
char urlBuf3[ ] PROGMEM = "/
v1.0/device/xxx/sensor/xxx/";
char urlBuf4[ ] PROGMEM = "/
v1.0/device/xxx/sensor/xxx/";
char apiKey[ ] PROGMEM =
"U-ApiKey: xxx";
```

接下来说说红外遥控的使用：开机进入系统后，按“1”“2”“3”“4”可以开关4路节点；按“PLAY”也可以实现系统模式切换（Yeelink万维网控制还是本地手动控制）；按“CH+”“CH-”“CH”可以选择相应节点并执行倒计时功能。

按“EQ”即可进入设置，此时“0”为确认，“+”和“-”上下移动菜单，再次按“EQ”结束设置。设置的第一项

“CONFIG MOD”是切换系统模式，这个在主界面按“PLAY”也可以实现切换。设置的第二项“CONFIG TIME”是预约开启的设置，选择对应节点后，第一项是否定时开启，第二项与第三项是定时开启的时间设置，第四项是定时开启的时间设置（单位：分钟）。设置的第三项“CONFIG DS”是倒计时设置，选择对应节点后，即可设置倒计时时间（单位：分钟），此时“+”、“-”、“NEXT”、“PREV”分别是加1、减1、加10、减10。设置的第四项“CONFIG CON”是配置节点用的，选择所需配置的节点后，系统会提示按下你所需节点的配置按键2s以上，此时如果能看到节点上的状态灯快速闪烁，就算配置成功了。在工作模式下，节点上的灯的闪动次数对应着第几路。设置的第五项“CONFIG INFO”是系统信息和about。

关于本地局域网控制的Web网页，你可以用网页编辑器打开index.html，里面的“http://192.168.1.121”就是当前Arduino主机对应的IP地址。另外，由于jquery的安全限制，现在仅支持PC和iOS端谷歌浏览器Chrome使用。

燃气管道智能监控阀门

◇胥明镜 刘媛

燃气管道的泄漏与爆炸会造成大量人员伤亡和严重财产损失。本作品通过传感器监测燃气管道的参数（瓦斯浓度、管网流量、阀门开度）并通过Wi-Fi无线网络上传到物联网云平台Yeelink，用户通过Web客户端接入Yeelink，就能实时监测整个瓦斯抽采管网的参数，并且控制智能阀门的开度。将物联网技术应用到燃气管道的监控，能极大地提升燃气管道的安全性，防止燃气管道处于难监控的状态，并且还能在燃气管道发生爆燃、爆轰灾害时实现无人化应急控制。

在石油、天然气、煤层气、煤矿等工业领域，输送瓦斯、天然气、煤层气的管道非常多，并且在特定区域布置密集。这些可燃气体（以甲烷为主）利用得当会是一种极好的清洁能源，而若管道监测监控有疏漏，一旦管道爆炸，会导致重大人员伤亡与财产损失。

作为一名安全工程专业的学生，在学习Arduino之初，我便萌生了利用Arduino结合自己的专业做出一些真正能减少人们身边安全隐患的装置的想法。后来我真的完成了智能监控阀门，整个过程都让我非常兴奋。即使在制作过程中遇到了许多超出专业知识及能力的困难，我还是凭着这股兴奋劲儿完成了作品。

16.1 项目简介

本项目是基于物联网技术的燃气管道智能监控阀门，主要应用于石油、天然气、煤层气、煤矿等工业领域。智能监控阀门的主要功能包括：管道环境参数监测、事故应急状态控制。

16.1.1 管道环境参数监测

智能监控阀门能够监测燃气管道内的温度、甲烷气体的浓度（由于研发成本的限制，未加入流量传感器和气压传感器），并将这些参数通过互联网上传到Yeelink物联网平台。直接访问Yeelink，就可以实时监测燃气管道内的温度及瓦斯浓度，效果如图16.1所示。

16.1.2 事故应急状态控制

当燃气管道发生爆燃、爆轰时，或者居民区燃气管道发生火灾时，为了防止灾害扩散，可以利用智能阀门关闭燃气管道，防止燃气继续输送至灾害地点。这样就能有效防止事态扩散并最大限度地降低人员伤亡与事故损失。物联网阀门控制的效果如图16.2所示。

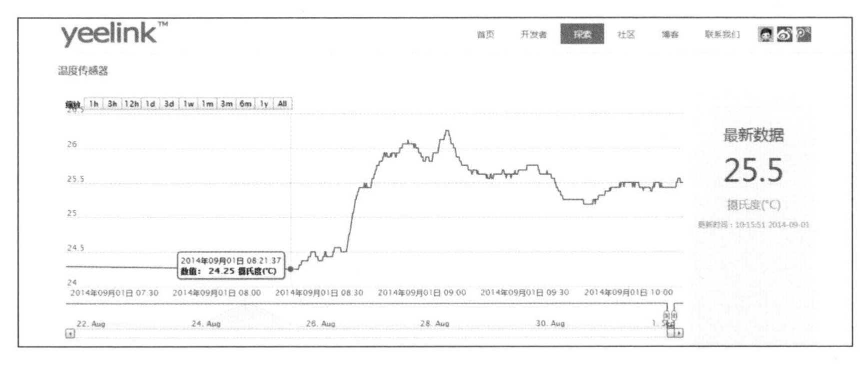

■ 图 16.1 阀门管道参数基于 Yeelink 平台的监测

参数监测网络地址：http://www.yeelink.net/devices/13634/#sensor_22569

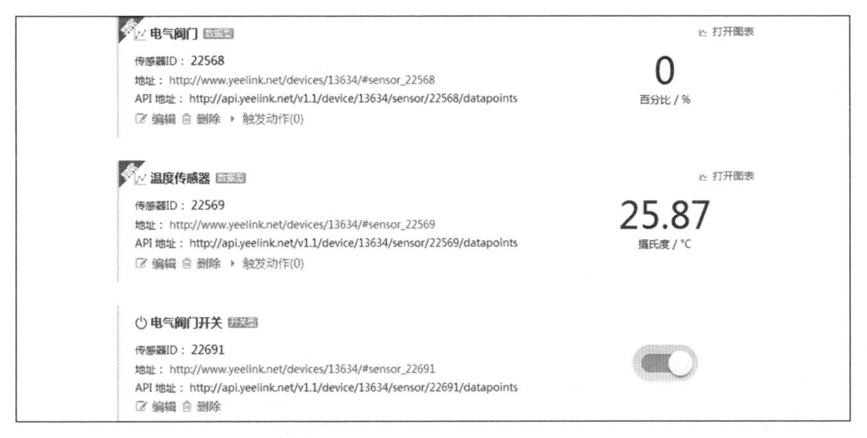

■ 图 16.2 基于 Yeelink 平台的阀门控制

16.2 项目具体实现

16.2.1 智能阀门设计概念

智能抽采阀门的设计概念图如图16.3所示。

从图16.3可以看出，智能抽采阀门的设备层包括电气阀门、温度传感器、瓦斯浓度传感器等（由于成本原因，未加入气压传感器与流量传感器）。每一个底层设备都对应了相应的信号转换模块，信号转换层模块将数据处理并输出至Arduino控制器。通过Arduino控制器就能读取设备参数并对设备进行控制。为实现物联网，用Arduino与Wi- Fi模块通信，Wi- Fi模块联网并将数据上传至云存储端Yeelink。阀门运行的参数通过网页与手机客户端就能轻松监测与控制。

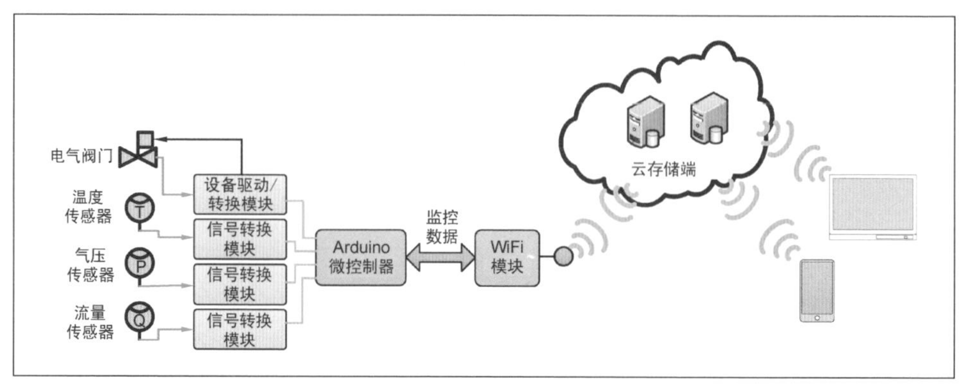

■ 图 16.3　智能抽采阀门设计概念图

16.2.2　智能阀门设备组成

智能阀门的实物如图16.4所示。智能阀门的主要组成设备有：电气蝶阀门、0~5V PWM信号转4~20mA信号模块、温度传感器、甲烷浓度传感器、Arduino 微控制器、Arduino系列Wi- Fi扩展板和220V AC转24V DC电源。

经过测试，智能阀门能在实验室环境下正常运行。

实际运行效果参见视频：http://www.tudou.com/programs/view/-oPLGHnUs8Q。

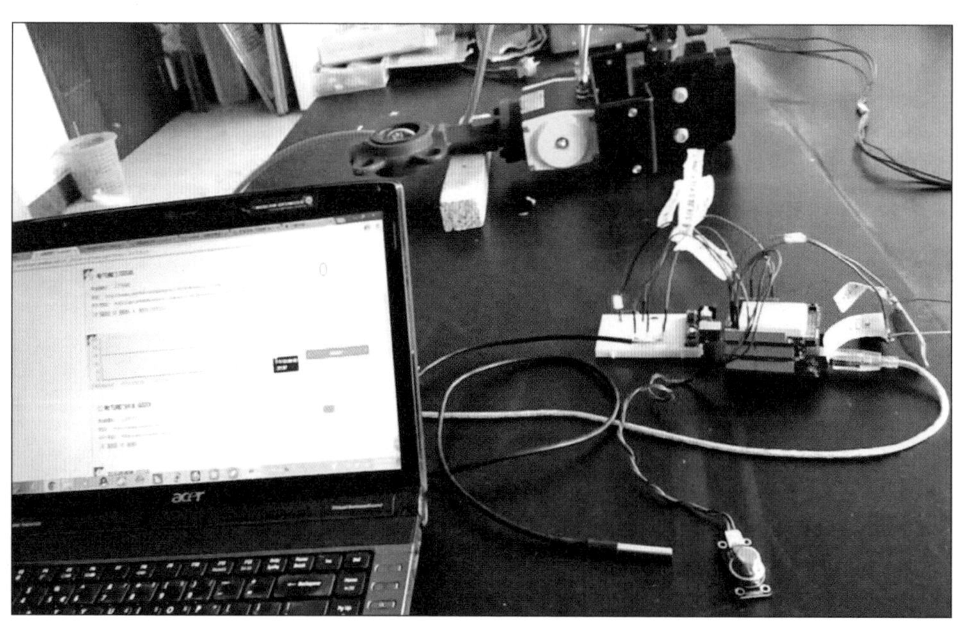

■ 图 16.4　智能阀门实物图

16.2.3 电气阀门及设备驱动/转换模块

为实现燃气行业安全级别的管道控制，我特地采购了防爆型电气蝶阀阀门（见图16.5）。电气蝶阀阀门采用高压气源制动，由于管道内燃气具有爆炸危险，采用高压气源制动会使阀门加更安全、可靠。

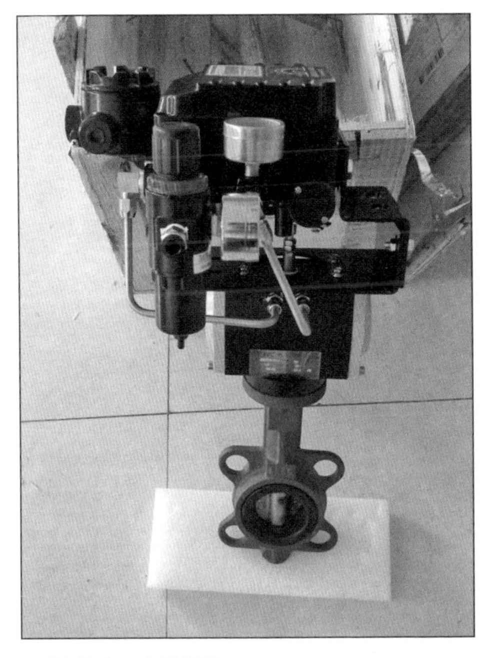

■ 图16.5 电气蝶阀

电气阀门的控制需要提供0~20mA稳定直流电源，可是Arduino只能产生0~5V的PWM电压，所以需要购买一个0~5V的PWM电压转0~20mA的模块（见图16.6）。

该模块与Arduino 和电气阀门的连接图如图16.7所示。其中左侧可以接两个PWM口，本设备只使用A0_PWM1口和MVCC口。A0_PWM1连接Arduino的PWM口，MVCC可以接3.3V或5V的Arduino电源。右端是模块输出0~20mA直流电流的接口。

在图16.6中的输出端口，需要外接24V的直流电源，另外阀门也需要外接24V的直流电源，所以我在网上购买了220V转24V的电源（见图16.8）。

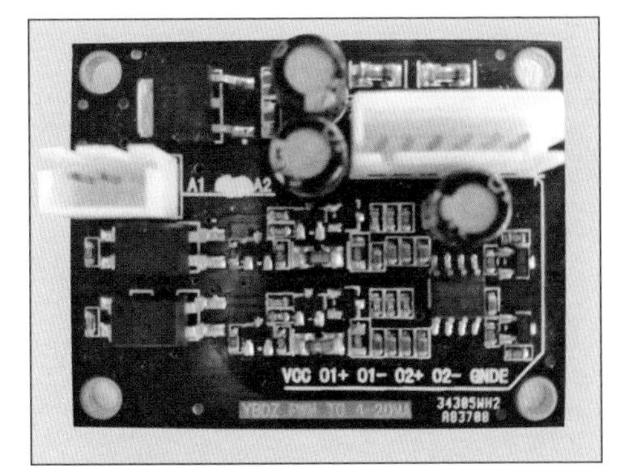

■ 图16.6 PWM 转 4~20mA 模块

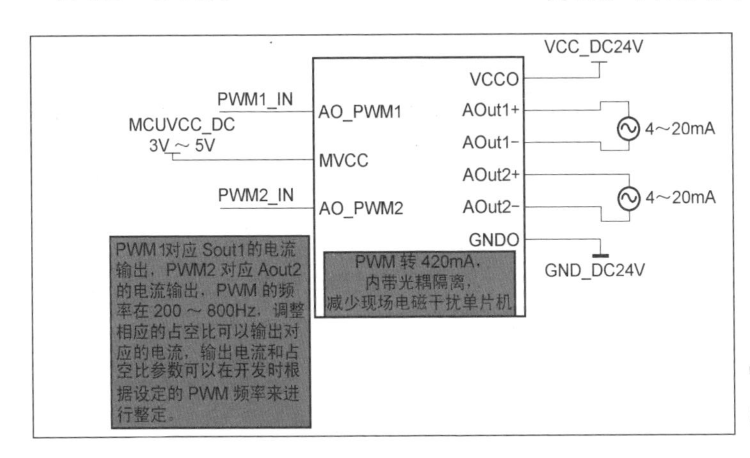

■ 图16.7 PWM 转 0~20mA 连线图

■ 图 16.8 220V 转 24V 电源

16.2.4 温度传感器

温度传感器采用了DS18B20，精度达到0.0125℃（见图16.9）。

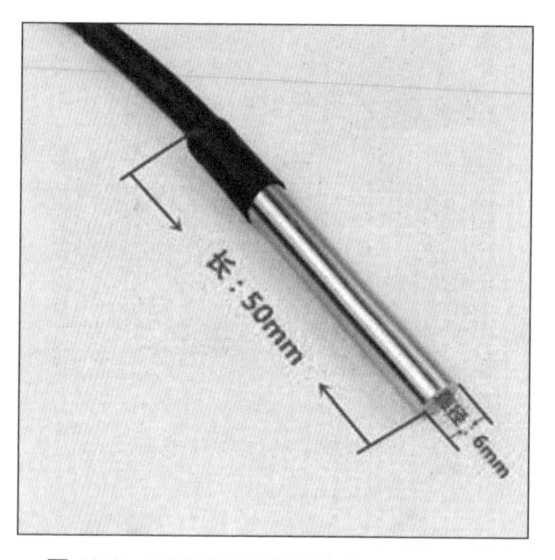

■ 图 16.9 DS18B20 温度传感器

DS18B20温度传感器采用了One Wire通信协议，该传感器的连接方法如图16.10所示。

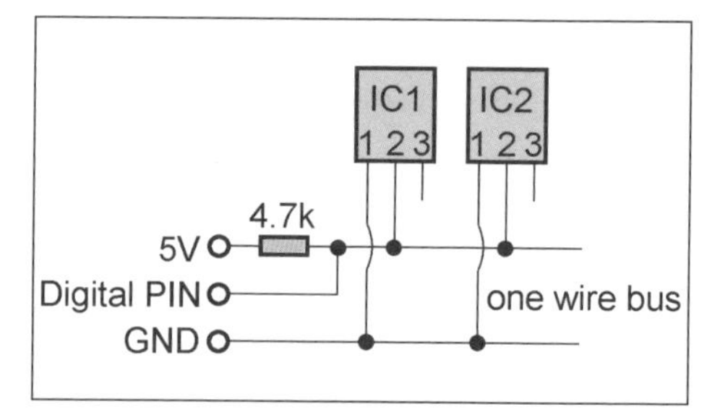

■ 图 16.10 DS18B20 的连接

16.2.5 甲烷浓度传感器

项目中采用的甲烷传感器（见图16.11、图16.12）是一种基于气敏元件MQ4的模拟量气体传感器，可以很灵敏地检测到空气中的甲烷、天然气等气体，但是对乙醇和烟雾的检测灵敏度很低。该传感器可以与Arduino专用传感器扩展板结合使用，制作出甲烷、天然气泄露报警等相关的作品。

■ 图 16.11 甲烷浓度传感器

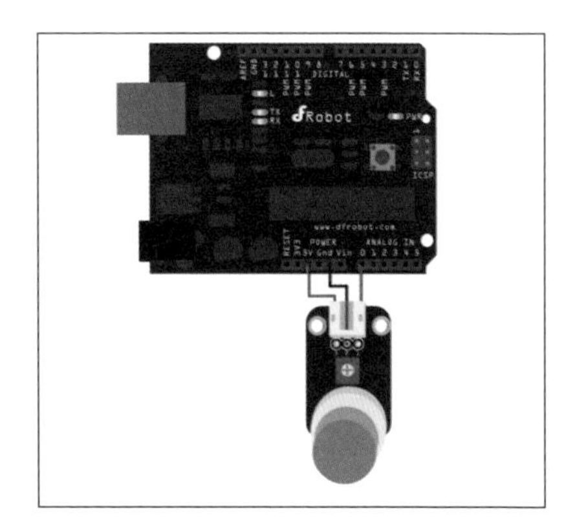

■ 图16.12 甲烷浓度传感器的连接方法

16.2.6 Arduino控制器和Wi-Fi模块

智能阀门采用Wi- Fi作为网络通信介质。智能阀门装置采用了Arduino控制器和DFRobot的Wi- Fi扩展板V3（见图16.13）。

■ 图16.13 DFRobot的Wi-Fi扩展板V3

项目代码请从《无线电》杂志网站www.radio.com.cn下载。

17 gTracking——自行车上的行车电脑

◇汪韡

自行车运动自19世纪中期由欧洲、北美发源以来，吸引了世界上一批又一批的爱好者参与。在曾经被称为“自行车王国”的中国，20世纪80年代，自行车也作为曾经的“四大件”之一走入过千家万户，在那时，自行车是民众主要的交通工具。随着社会经济的发展，汽车逐步走入寻常家庭，自行车也一度淡出了人们的生活。不过近些年来，随着“绿色低碳”的生活理念渐入人心，自行车运动开始展现出了自己独特的魅力，又成为一项时尚的健身运动，越来越多的人参与到了其中。

自从我参加了骑行运动之后，便被其“挑战极限，积极向前”的魅力深深吸引，业余折腾电子、数码的时间也慢慢转向了自行车运动。在参加骑行活动的过程中，我常常会想记录一下自己的骑行路线、骑行数据，事后可以进行分析，使自己得到提高。在一番寻找后，我发现智能手机上有这样的应用（例如Endomondo）供爱好者免费使用。虽然智能手机现在已经非常普遍，但是智能手机的续航力以及国内外用户的使用习惯差异都存在不小的问题。再加上自行车运动有一定的危险性以及需要适应不同的气候，一旦摔车，损坏智能手机的成本就会显得比较高。因此我就想到了利用Arduino来做一个低成本、专用的自行车车载电脑来记录并实时显示骑行数据，并在训练完成后使用电脑针对记录的数据进行分析，以得到想要的结果和报表。

17.1 硬件系统设计

在设计初期，我就把这款应用分成了两大部分进行设计。第一部分是基于Arduino的硬件，体积小，可以安装在自行车的把横上，负责收集和记录骑行数据，并通过LCD实时显示时速等信息。第二部分则是进行分析、统计的系统，由于Arduino的SRAM和频率的限制，不太适合做数据的分析，因此我把这部分功能拆分开来，设计成由计算机来完成——Arduino记录的数据上传到计算机后，进行分析并绘制图表。第二部分的系统，在后期设计成了一个Web 2.0的应用，这样就可以方便地将统计的结果（训练数据、骑行路线）进行分享。

在我设计并实现的原型产品中，基于Arduino的硬件部分，主要由以下几个模块构成（见图17.1、图17.2）。

❶ Arduino主控板：行车电脑的核心。

❷ 电源模块：为所有硬件提供电源。

❸ GPS模块：提供GPS定位信息，以得到位置数据、速度数据、高度数据。

❹ LCD模块：实时显示骑行数据。

❺ SD/TF卡存储模块：储存骑行数据。

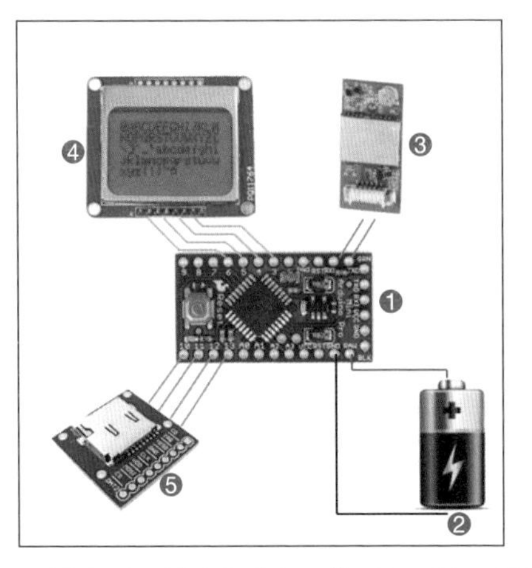

■ 图 17.1 基于 Arduino 的 gTracking 系统架构简图

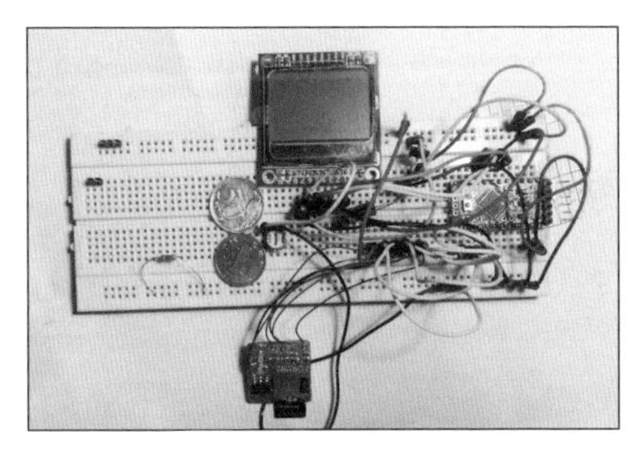

■ 图 17.2 在面包板上搭建电路进行测试

未来，还可能会加上以下模块来进一步完善功能。

◆ 红外或磁感应模块：进行踏频统计。

◆ 无线心率探测模块：进行心率数据统计。

在实际制作的过程中，由于对体积有小型化的要求，我选用了以下的硬件。

◆ Arduino pro mini：它省去了RS-232 TTL转USB部分的电路，体积进一步缩小，它所搭载的ATmega328P也能保证有足够的Flash和SRAM。

◆ 3.7V转5V升压、充电一体模块：去除了USB母口，缩小体积。

◆ UC-915GPS模块：使用U-Blox 6010芯片，带内置天线，尺寸为3.5cm × 1.6cm × 0.75cm，体积超小。

◆ Nokia 5110显示屏：分辨率为84像素 × 48像素，够用，便宜，体积小。

◆ 自制TF存储模块，体积超小，带3.3V电源转换。

TF卡是工作在3.3V电压下的，由于Arduino pro mini上没有3.3V的电压输出，于是我在自制的TFT模块上使用了AMS1117-3.3，将5V电压转成3.3V，同时这个3.3V的输出也为LCD模块提供了电源输入。Arduino的SPI I/O端口输入/输出都是5V的TTL电平，因此需要一个电平转换电路来将5V的电平信号转化成3.3V的以供TF卡使用。在早期的设计中，我使用了74LVC245来做电平转换，但是由于需要尽量减小体积，即使SSOP封装的74LVC245也会显得较占空间。考虑到负载电路并不复杂，于是我在这里就用了简单的分压电路，使用1.8kΩ和3.3kΩ的贴片电阻实现了电平电压转换的功能。

由于Nokia 5110显示屏背面没有任何电子元件，我将Arduino pro mini、SD模块、GPS模块都用双面胶固定在上面（见图17.3），整体厚度可以做到小于1cm，完美地实现了缩小体积的目标。

电池选择了3.7V锂聚合物电池，这样就能把身材做得很小。不过由于只是做一个原型产品，所以我用了手上现成的4200mAh的电池，体积显得略大了些。

■ 图 17.3 将 Arduino、GPS 模块、TF 模块粘贴到 LCD 背面

准备好了硬件部分后，就需要做连线焊接的工作了，该应用设备使用的Arduino端口见表17.1。

表 17.1 使用的 Arduino 端口的规划表

PIN 0 (RX)	GPS 模块 TX
PIN 1 (TX)	GPS 模块 RX
PIN 3	Nokia 5110 LCD 模块 SCK
PIN 4	Nokia 5110 LCD 模块 MOSI
PIN 5	Nokia 5110 LCD 模块 A0
PIN 6	Nokia 5110 LCD 模块 Reset
PIN 10	TF 卡模块 片选 SS
PIN 11	TF 卡模块 MOSI
PIN 12	TF 卡模块 MISO
PIN 13	TF 卡模块 SCK

在这里，使用硬件Serial来作为GPS NMEA信号输入，而不使用SoftSerial的好处是：避免SoftSerial的兼容问题，节省Flash空间，减少SRAM使用。

需要注意的是，Nokia 5110 LCD模块使用的是非标准的SPI通信协议，因此不能使用硬件SPI，而需要使用Soft SPI来驱动。

17.2 软件设计思路

连接完成后，就开始编写代码了。在这个项目中，GPS模块的驱动使用了TinyGPS库，LCD显示则使用了u8glib，TF卡模块驱动使用了SD库。当然，为了节省SRAM，对库也进行了修改。例如对TinyGPS的cardinal函数进行了修改，将数组使用PROGMEM进行存储，节省SRAM的空间。

整个系统的代码逻辑其实很简单，流程如图17.4所示。初始化完成后，每秒检查一次GPS信号，如果信号正常，则更新信息并在LCD屏幕更新显示的实时数据。由于事后用于分析的数据不需要精确到每秒这样的级别，因此设定每5s判断一次，如果当前位置和5s前相比发生了一定的位移量，则将数据记录到TF卡，以供分析。

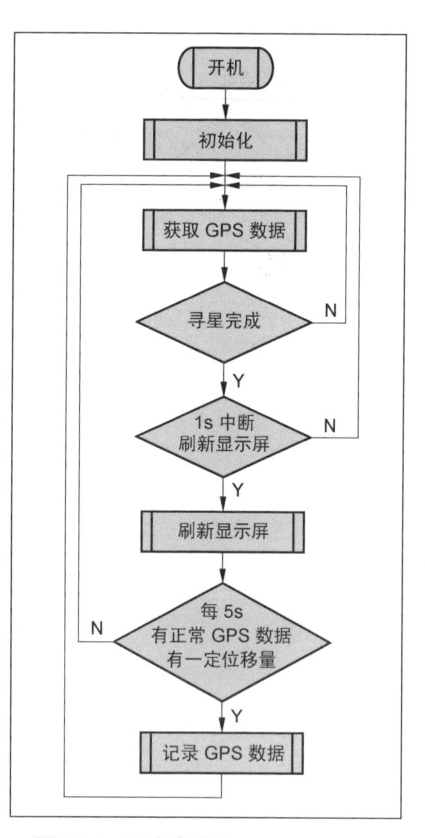

■ 图 17.4 程序流程图

为了简化数据存储方式，数据以类似CSV的格式存储在TF卡上，文件名则为开始记录的日期，每一段数据以数据格式的版本号开始，每一行都是一笔数据。格式如下：“日期，时间，连接的卫星个数，纬度，经度，海拔高度，时速，行驶方向”。

读者可以到《无线电》杂志网站（www.radio.com.cn）下载目前处于beta测试阶段的主程序的源代码。

17.3 测试

将代码写入Arduino之后，就能够开机测试了。由于GPS模块使用硬件Serial端口，因此烧录代码时要注意先要把GPS模块的TX/RX信号线断开，才能正常烧录代码，烧录完成后再连接上即可。

最终将电路板和电池组件连接完成，并在LCD模块上引出一个控制背光的开关，以便于在夜晚使用。将这些装入大小合适的外壳，就会成为完整的原型产品，如图17.5和图17.6所示。gTracking在汽车上做路测的视频见http://v.youku.com/v_show/id_XNDg1MDU0OTI4.html。

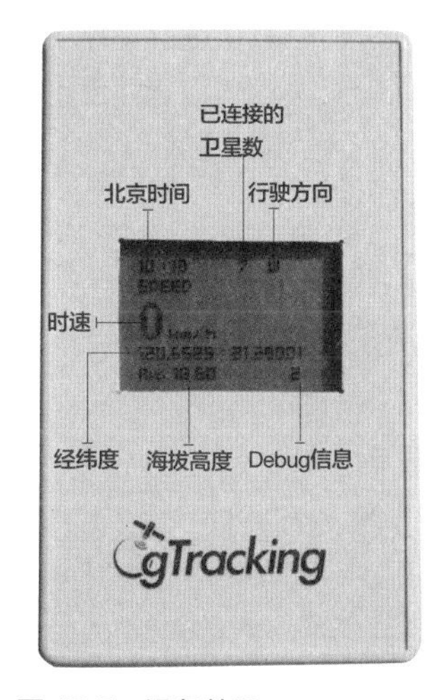

■ 图17.5 设备外观

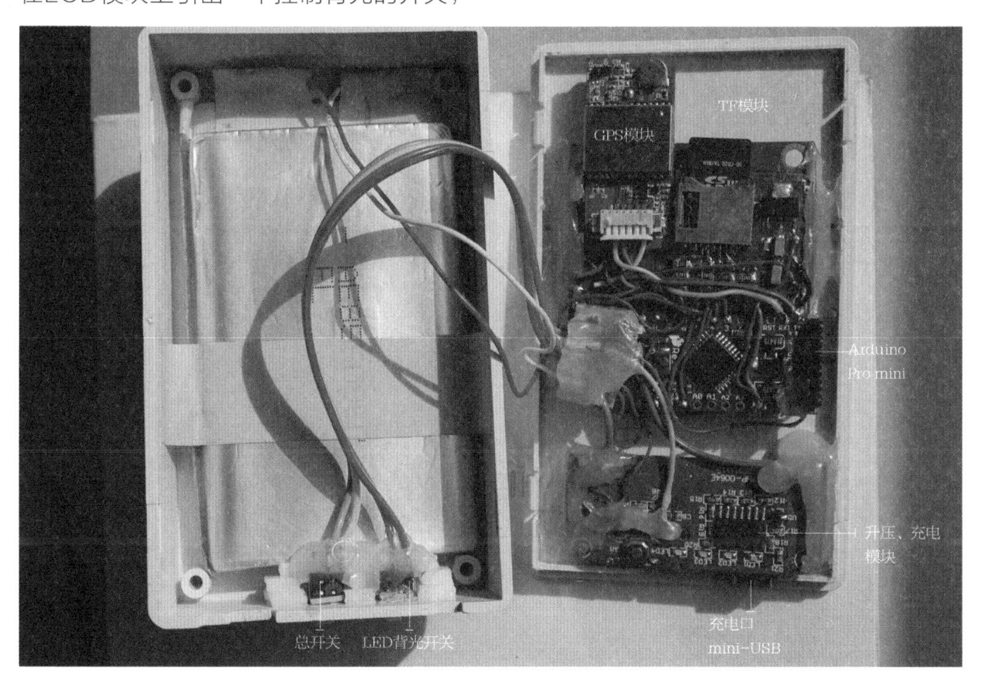

■ 图17.6 内部结构

17.4 Web 应用的开发

完成了Arduino终端设备之后，就要实现该应用的第二部分——分析数据的Web应用了。

这个部分，我使用了CodeIgnite作为PHP Framework来快速搭建。骑行轨迹显示的部分则结合Google MAP API来实现，骑行数据（例如时速、高度曲线等）则使用SVG矢量图形来表现。

基本上整个Web应用的思路是这样的：注册用户并登录后，通过浏览器，在上传页面上传记录的数据文件（见图17.7），并输入一些描述信息。数据上传到服务器后，服务端代码会对数据进行分析，并生成谷歌地图所使用的轨迹KML文件（见图17.8），以及分析骑行数据后产生的时速、高度曲线图的SVG文件（见图17.9），并把这些信息都存放入数据库。用户还能设置是否公开这些信息，以便其他用户或所有人查看。用户还能在查询汇总界面下载到包含轨迹的KML文件，以便于在谷歌地图等软件中使用。

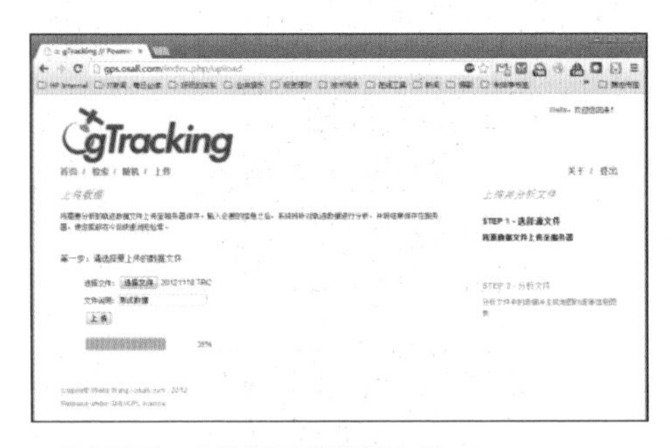

■ 图 17.7　上传记录的数据文件

■ 图 17.8　分析结果，显示骑行轨迹

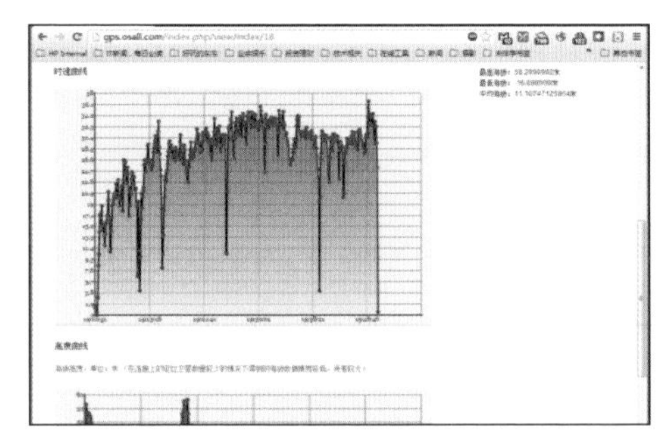

■ 图 17.9　骑行时速曲线，单击任何一个记录点可在地图上显示该记录点的地理位置，以便于分析训练成绩

由于这一部分的代码量较大，虽然大部分功能已经完成，但包括与好友分享路线等功能还未完全完成，因此就不在这里说明了，当代码完成后，将会作为开源项目进行分享。

18 一道洗袜机

◇Leon

笔者是摩羯座的，但在生活方面，却一直有着处女座的强迫症。比如对应身体不同部位的毛巾，放置身上固定口袋的物品，包括手帕，哪一面用于擦嘴，哪一面用于擦汗，都有着严格的规定。精细的规定，直接造就的，不是精细的生活，而是大量的清洗要求。袜子、内裤、手帕、毛巾，这些微小的东西，几乎天天都需要清洗，如果用洗衣机来清洗，未免大材小用，浪费资源。正所谓哪里有压迫，哪里就有反抗。学习电子专业的我，本着“一切带电的玩意都能造”的念头，终于决定自己DIY一台洗袜机。经过一个月的设计、研制、修改、磨合，一台符合我的设计要求的洗袜机—— 一道洗袜机新鲜出炉。成品的样子见图18.1。

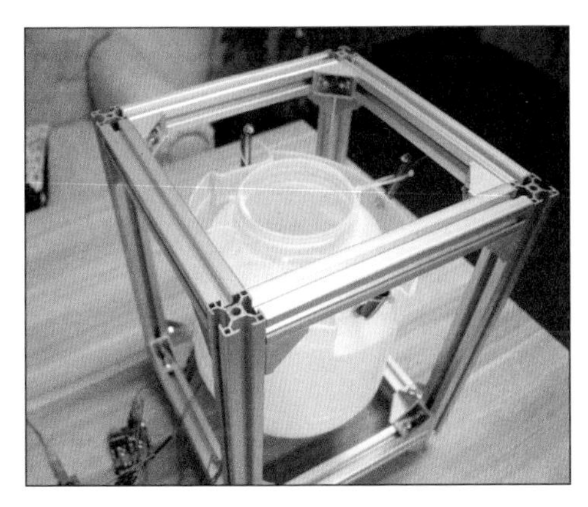

■ 图 18.1 成品的样子

18.1 全自动洗衣机结构拆解

正所谓能破就能立，瓦工我也会。动手制作“一道”之前，我先把自家的全自动波轮洗衣机拆了。为了方便大家理解，我从网上下载了一张洗衣机的内部结构图（见图18.2）来讲解一下，各品牌的全自动波轮洗衣机在结构上大同小异。

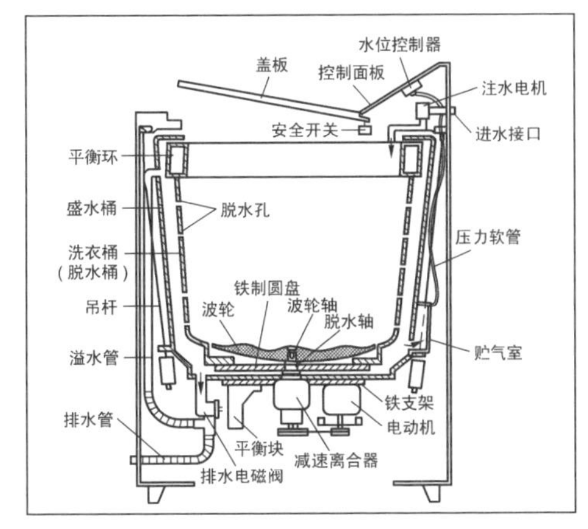

■ 图 18.2 全自动波轮洗衣机内部结构图

洗衣机大体分成3层，即：外壁、外筒（盛水桶）、脱水桶。

外壁：即我们最直观看见的洗衣机外壳，主要起支撑外筒、脱水桶、顶部面板，以及美化洗衣机的作用。

外筒（盛水桶）：听名字就知道其最大的作用，就是盛放清洗过程中使用的水以及洗涤剂。从结构上来说，它是全机最为复杂的组成部件。与它伴生的功能元件和模块，可以从图18.1中看到：吊杆、平衡块、溢水管、排水管、贮气室、减速离合器、电动机。

洗衣机在工作过程中，不管是洗衣还是脱水，都会伴随着巨大的振动，所以洗衣机在设计上就在很多方面考虑了减振降噪的问题。洗衣机的外筒，并不是用刚性元件与外壁固定的，而是通过4根吊杆（见图18.3）悬吊在外壁上的。同时，因为底部电机与离合器不是轴心安装，使得中心偏离，一般厂家会在底部加装平衡块，话说就是一大块水泥块，来平衡外筒。

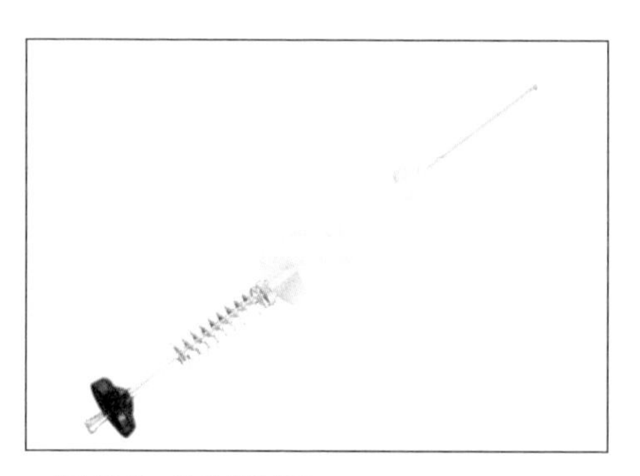

■ 图 18.3　洗衣机吊杆

溢水管和排水管的功能，这里不多加阐述。贮气室是和水位传感器（见图18.4）配合使用的，外筒的水位变化会直接反应在贮气室内的气压上，同时贮气室和水位传感器通过气管相连。气压的变化，最终会通过水位传感器变成数字量信号传出，被主板接收。

脱水桶（见图18.5）：这个部件是清洗以及脱水最重要的部件。同时，由于是转动部件，也是设计最为困难的一块。与之伴生的有：波轮、波轮轴、脱水轴、减速离合器。脱水桶几乎是我们最为熟悉的洗衣机内部部件了。打开盖板，直接看见的，就是脱水桶。它的作用，就是在洗衣机处于脱水状态时高速旋转，利用离心力把衣物的水甩出去。

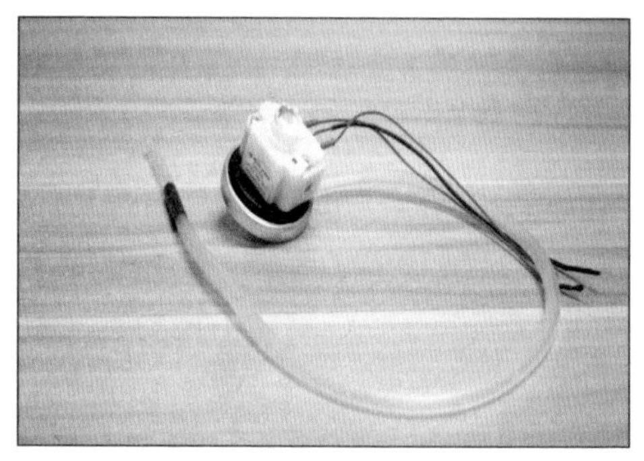

■ 图 18.4　水位传感器

■ 图 18.5　脱水桶

波轮：位于脱水桶的底部，虽然由于厂家的不同，波轮的设计也千奇百怪，但目的都是一样的——搅动衣物，让衣物互相捶打，搅拧，浸透洗涤剂，从而达到洗衣的目的。

减速离合器：这里，我要重点说一下减速离合器的作用。洗衣机在运行过程中，脱水桶和波轮是有多种转态的。时而要求波轮独立转动，时而要求波轮和脱水桶共同转动，时而要求它们可以快速停转。然而电机就一个，这就要求有一个部件可以完成这些动作，那就是离合器的使命了。一般情况下，波轮轴和脱水轴是以同心轴的形式一起做在离合器上的，电机通过皮带与转盘带动波轮轴。遇到有脱水需求的时候，通过一定的机械结构，拉动离合器拨叉，使得脱水轴与波轮轴咬合，共同旋转，并且在这过程中，通过齿轮的配比，实现不同的转速（洗衣时大概在700转/分，脱水时大概在3000转/分）。同时，离合器内置刹车片，也就是我们经常在脱水过程中打开顶盖的时候，脱水桶会急停（不同于电机停转，有一个停转时间的要求）。当然，这需要安全开关的配合。全自动洗衣机的内部构造以及运行原理，大体就是如此了。

18.2 器件选型

"一道洗袜机"是我在全自动洗衣机的基础上，根据自己的需求和设想进行制作的。这里面，我认为最重要的就是它的"三围"，不能过于庞大，要有大家闺秀的柔美。本来想设计个黄金比例的，但是感觉太敦实了，还是这样设计修长点。

因为要考虑到放置的问题，同时又要兼顾清洗容积，多方权衡之下，最终确定下来的是5L的脱水桶，由此向外推理，选定10L的外筒、40cm×30cm×30cm的骨架（见图18.6），整体比一个办公室用的纸篓稍大些。多说一句，其实一开始我是先确定的外骨架，然后找内外桶。结果找到一家卖酵素桶的，10L桶和5L桶的尺寸竟完美吻合，而且买回来一看，10L桶底部竟然开着孔，还送了透气阀，好像是为了让酵素透气什么的。这让我说什么好，现成的污水出口，还省得我开孔了，完美。

■ 图18.6 外骨架尺寸

外骨架一旦敲定，就是发图（见图18.7）出去让师傅切割了，因为之前有做过类似的，所以心中还是比较清楚选择什么样的材料——铝型材3030。角铁、螺丝、螺母，让店家一并配40副。

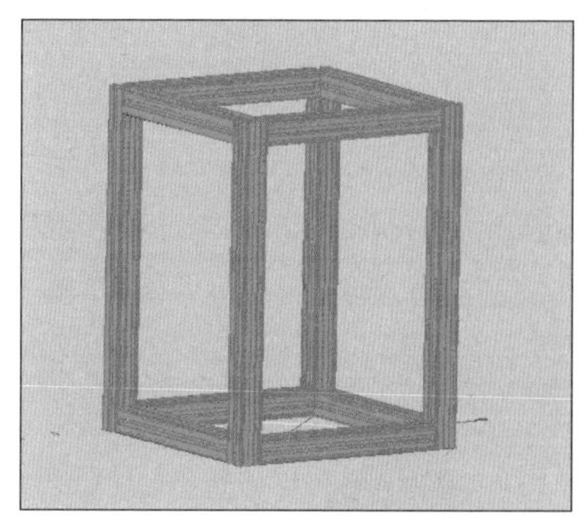

■ 图18.7 铝型材CAD图

还是多说一句，呵呵，接下可能会经常多说一句。在店家给我配单的时候，随便翻看着店家的配件，结果发现了它（见图18.8）！

呵呵，之前还为怎么悬挂外筒而苦恼，问题立马解决。选择了塑料件，也有铝件，但考虑到这个部件会剧烈晃动，塑料件应该会减小噪声吧。没计算拉力，店家拍着胸脯跟我保证10kg的承受力，断了回去找她。而且塑料件价格是铝件的一半，就它了。

挂件确定了，接着就是连接外筒和外骨架的弹簧了，原本这是以为很简单的东西，却因为度量衡的问题小小地纠结了一下。我一开始不懂，张口就问人家要拉力10kg的拉簧，店家一律都是“谁理你”的表情。好一些的就问我要丝径、外径、带钩长度，但这些我就基本“两眼一摸黑”。我磨破了嘴皮子，终于有一家告诉我一个模糊的比例，算了算，确定了1.5mm×12mm×60mm这样的参数（见图18.9）。唯一不足的是，他们家304不锈钢的拉簧要定制。

接下来就是洗衣机的离合器了，网上卖得倒是很多，但是买一个回来一看，唯一的念头就是so huge，这玩意完全不符合我对“婉约”的要求，感觉把它安装在“一道”上，洗袜机就要改名叫“一大块”了。于是再次遍寻合适替代的离合器，但这次不太幸运，估计体积要求这么小的离合器使用场合不多，仅仅找到一款（见图18.10），各种问题，但最终还是被迫使用了它。

本次电机+离合器的固定方式，并不是前文介绍的一左一右的方式。而是采用离合器在上、电机在下的方式固定。这里面有几方面的考虑。

（1）左右固定方式，中间需要加传动轮以及皮带，增加了DIY的难度以及成本。

（2）左右固定方式，脱水桶、水、衣物的重量，全部由离合器承受。而这个离合器埋下的第一个“坑”，就是它竟然只有一个固定耳，感觉工业设计是体育老师教的。对于一个对轴心有高度要求的器件，一个耳的设计，在后续固定它以及定位的过程中，造成了我无尽的困扰。并且，一个耳也最终让我选择了一上一下的体位，不然离合器根本撑不住。

（3）上下的安装方式，由于都在中心点，也可以避免加一个平衡块，更加省时、省力。

为了后续讲解以及使用方便，我拆分了一个离合器（见图18.11），合起来还能用。

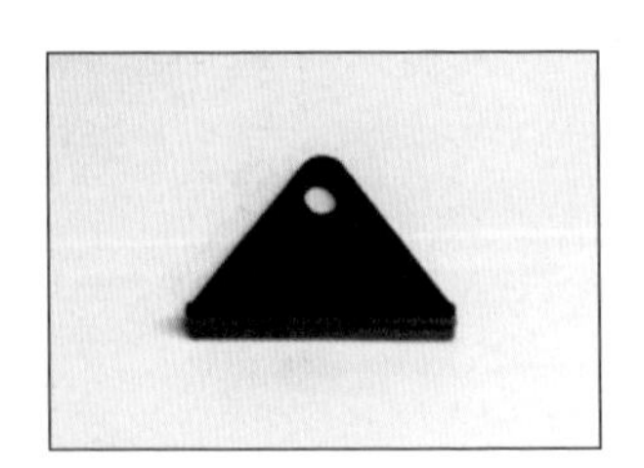

■ 图 18.8　悬挂外筒的配件

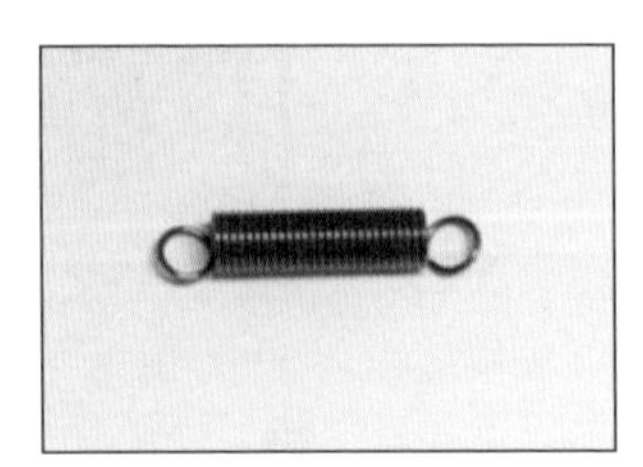

■ 图 18.9　拉簧

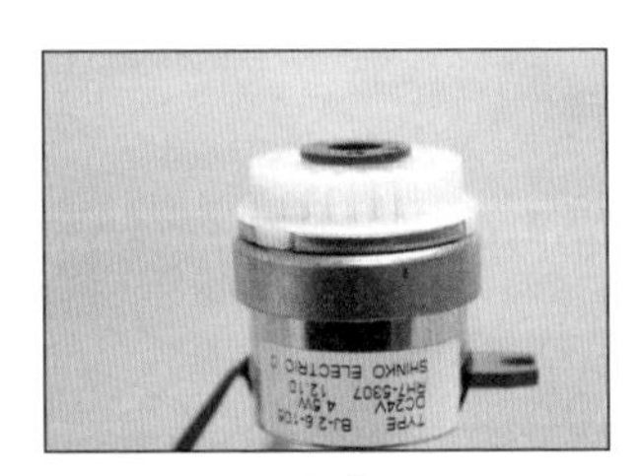

■ 图 18.10　离合器

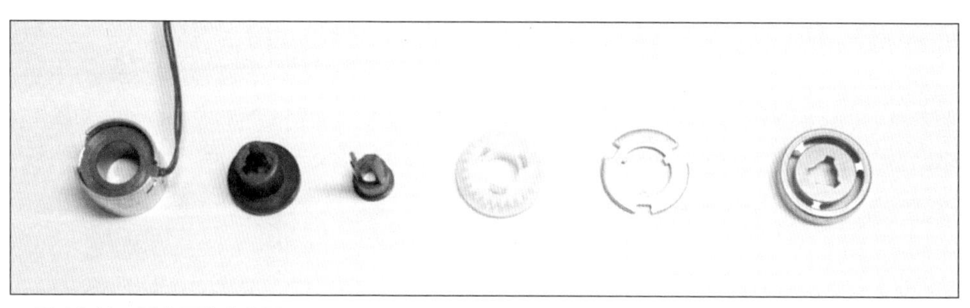

■ 图 18.11　拆分开的离合器

罗马不是一天建成的，选定离合器之后，就是电机的选型。这可是咱的老本行。电压、电流、转速、扭矩轮番招呼，我辈自巍然不惧。但有句话说得好，你要是知道自己该怎么走，全世界都会为你堵路。之前的离合器就在这里又埋下了一个“坑”，这个离合器是日本生产的，留的轴孔是Φ6mm削边5mm的D型槽。本来笔者没太在意，结果电机各个参数确定下来后，找不到6mm轴的电机，更不要说削边5mm的了，我当时整个人就不好了。整整2天，我像筛子似的一遍遍过滤网上卖电机的，不问时间、地点、人物，只问轴径和削边。结果自然是找到了一家，但是第一次寄过来的电机，削边5.3mm，问店家为何多0.3mm，说是过盈配合，无奈呀。用橡胶锤把它砸进离合器，好不容易进去一点点，离合器已经快不行了（离合器是塑料件），表示“help me or kill me”。抓住店家，表示没听说过“过盈”，就是他发错货，要求一定要发一个削边5mm的。一通沟通，店家再发了一个过来，这次安装还算顺利，对好位就进去了。

因为选择的是一上一下的结构，电机原本的固定架已经不能用了，而且还有一些细节的要求。对于这部分，一开始就打算用3D打印机打印出来，这个应该要感谢maker们，正是他们像堂·吉诃德一样不畏艰险地一次次冲击科技的风车，才带来了今天的各种便利，这里向他们致敬。图18.12所示是用CAD软件绘制的固定架3D图。

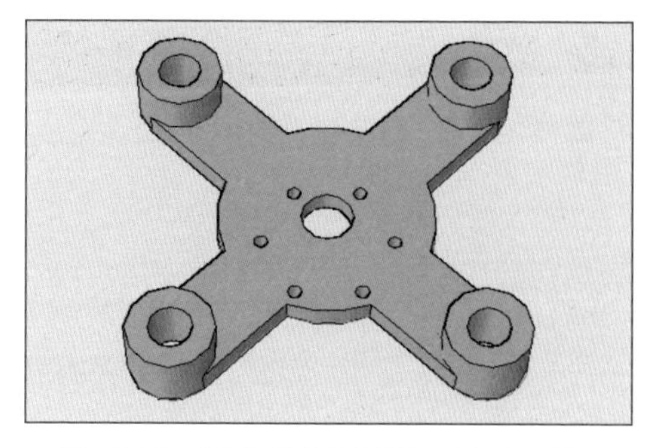

■ 图 18.12　CAD 软件绘制的固定架 3D 图

打印出来的实物图，忘记拍照就固定上去了，下次再打印一个补上。和电机安装在一起，完美。多说一句，3D打印不是每次都很顺利，指不定哪次就抽风了。曲翘和尺寸不对是再平常不过的了，不过DIY嘛，享受的不就是这种不确定性吗？不行就多打几次。

18.3　零件改造

器件都选择好后，就开始改造了。

第一步就是外筒的改造。这个几乎是装配过程中最难的环节了。首先我们要把顶部这一圈锯掉。起先因为手上只有一把手枪钻以及一些锯片，除非我是章鱼哥，不然两只手根本无法精准地完成切割，要么是手枪钻切不下去，要么就是外筒被圆锯片推走。后来灵机一动，把手枪钻固定在老虎台上，用橡皮筋的数量控制转速，如图18.13所示。这样一来就腾出双手抓外筒了。生命果然在于折腾。

■ 图 18.13　用手枪钻改造外筒

对外筒实施了环切手术后，用M5的钻头，在顶部钻出4个悬吊孔。悬吊孔没什么讲究，不要太低。然后就是底部的离合器孔和电机支架固定孔。测量了一下底部的直径，打印了这么一张图（见图18.14），贴在底部用于定位。

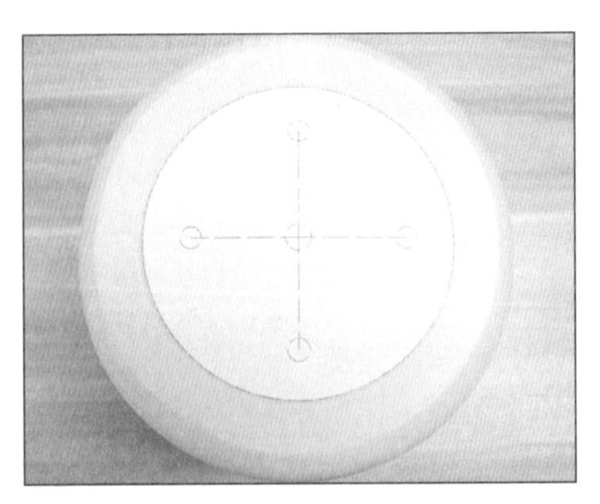

■ 图 18.14　定位图

中心离合器的安装孔，要用M27的开孔器来打，先用小一些的钻头打个定位孔。小锤抠洞，大锤凿墙嘛。打好后，用开孔器开孔就方便很多了，也不用怕视线被遮挡、打歪之类的。打好离合器孔，接下来就是4个M10的螺丝孔，按图上的方位打好，没什么难度。最后拿离合器比对一下，把离合器的固定耳，一个M3的孔打上去，这个孔只是固定离合器外壳，让它不跟着电机一起旋转。

加工好外筒之后，就是脱水桶的改造了。不同之处在于，脱水桶是安放在离合器的外齿轮（见图18.15）上面的。

为了固定脱水桶，这里使用3D打印机打印了一个法兰片（见图18.16）。里面是一个26齿、0.8模的齿轮，外面是4×M5的孔。一直在担心打印强度和精度的问题，不过样品拿回来一匹配，完美契合，如图18.17所示。为避免左右摇晃（会晃得很厉害），用502胶水把法兰盘和离合器外齿贴在一起。

脱水桶的底部开孔基本和外筒一样，打印个图贴在底部定位，然后开孔。之后，要在脱水桶上大量开孔。话说脱水桶本来打算用304不锈钢冲孔板卷一个的，但是单个成本实在不能接受，就选择用这个桶了。成品洗衣机中也有塑料桶和不锈钢桶之分，所以也就不多纠结了。无脑开孔，就是开完后，内外表面会有非常多的塑料毛边，要用美工刀一个个地修，累人。

脱水桶完成了之后，就是洗袜机的波轮了，这个波轮在市场上完全找不到合适的尺寸以及替代品。还是老办法，3D打印出来吧。设计图和实物如图18.18所示。

话说用CAD做曲面是真心累，不过可能和我不精通此软件有关吧。波轮轴同样做成D型削边的，如图18.19所示。

这里大家可能会有疑惑，为什么不一次成型，而要分开来打呢？因为受3D打印的原理所限，如果遇到架空，打印机就需要先打一个支撑，类似脚手架一样的东西。如果这个波轮是一次成型，那么不管是哪一面，都需要大量的支撑物。这样，既浪费了时间、原料，而且在完成后还要自己动手把表面清理干净，不然会影响美观。所以我就选择分开来打了。

但这次分开来打，3D打印机的“坑”终于让我踩到了。这根轴从削边5mm到4.8mm，连续打了4次，最后终于有一根勉强能用（见图18.20）。有一根削边4.8mm，打出来的有5.2mm，这就是不少3D打印机目前还无法做到品质一致性的问题。

将轴安放进离合器顶部的转动孔内。前面提到过，离合器根本受不了紧配合（过盈），所以这个波轮轴虽然刚好放进离合器的转动孔中，但这样是无法让它带动波轮的。所以，这里我选择用热熔胶直接灌进转动孔中，然后趁热放进波轮轴，待热熔胶凝固之后，就很牢固了，如图18.21所示。

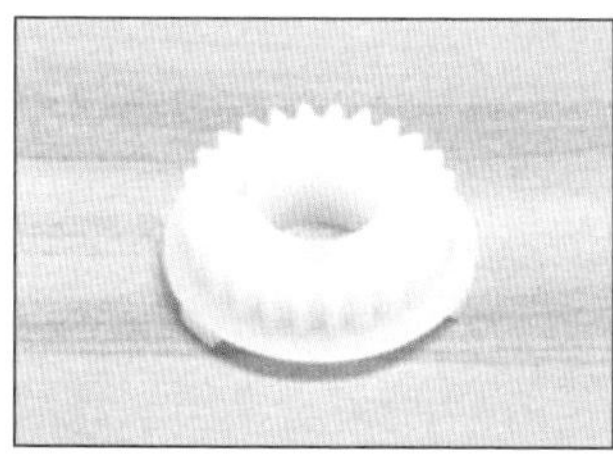

■ 图18.15 3D打印的离合器外齿轮

■ 图18.16 法兰

3D视图

3D打印的实物

■ 图18.17 法兰和离合器齿轮结合图

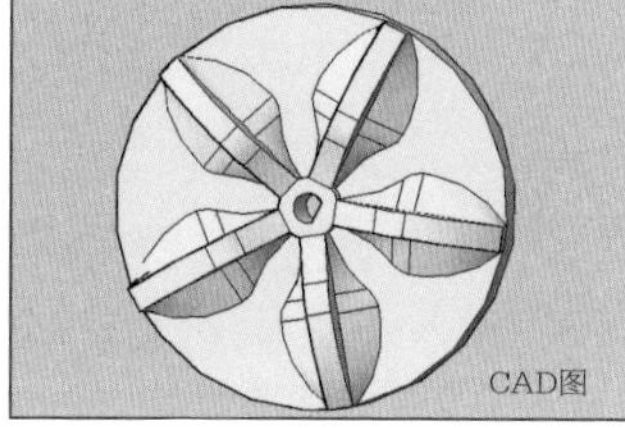

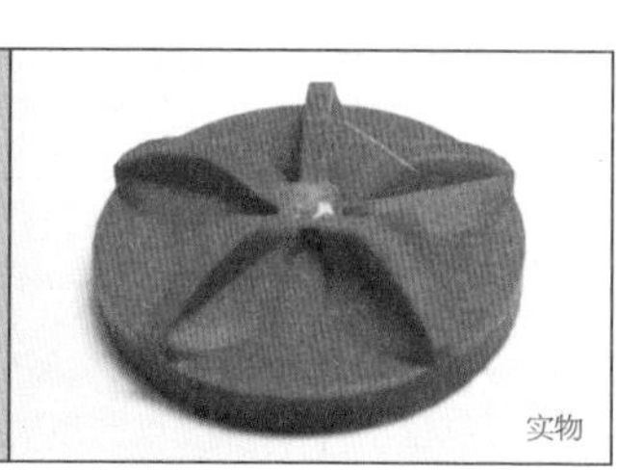

■ 图18.18 波轮

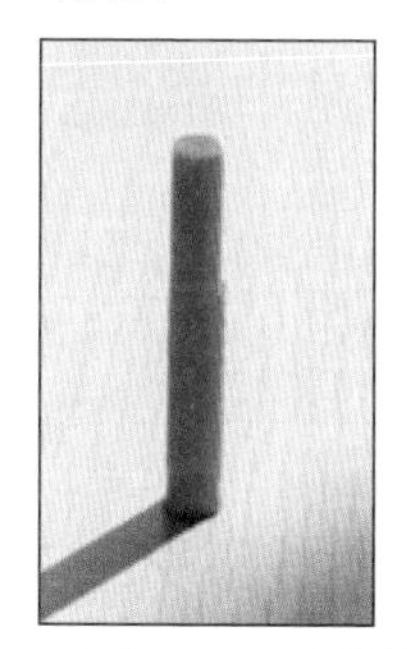

■ 图18.19 波轮轴

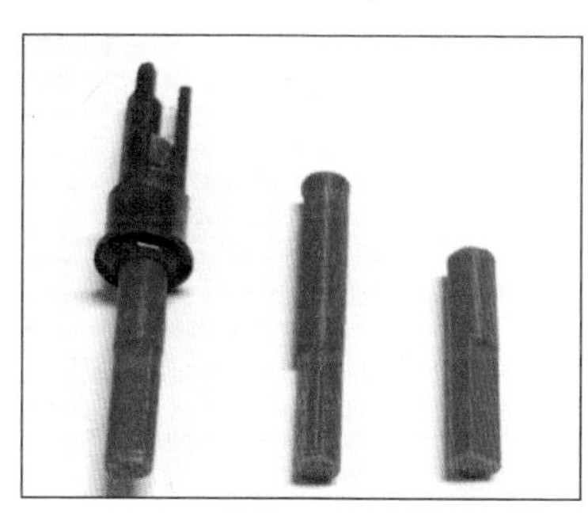

■ 图18.20 多次打印的波轮轴

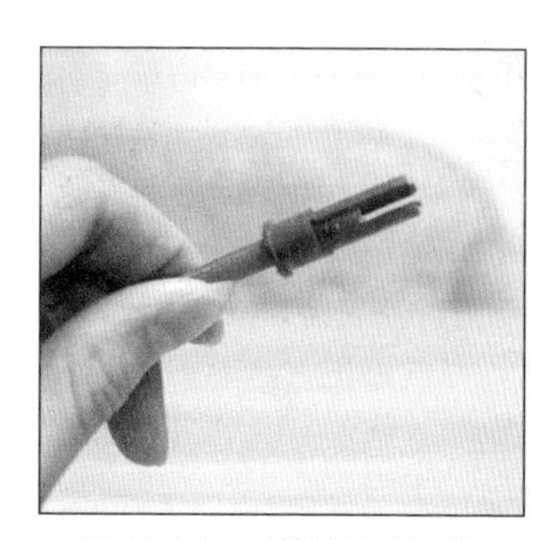

■ 图18.21 用热熔胶来固定轴与转动孔

18.4 装配

待这些“菜”都准备好后，就可以一起“下锅”了。

❶ 把外骨架装起来。

❷ 4 个悬挂不要忘记装了，不然要拆掉顶部重来，很麻烦。我会告诉你，底部 4 个脚是因为我计算失误，让电机拖地，后期加装的吗？

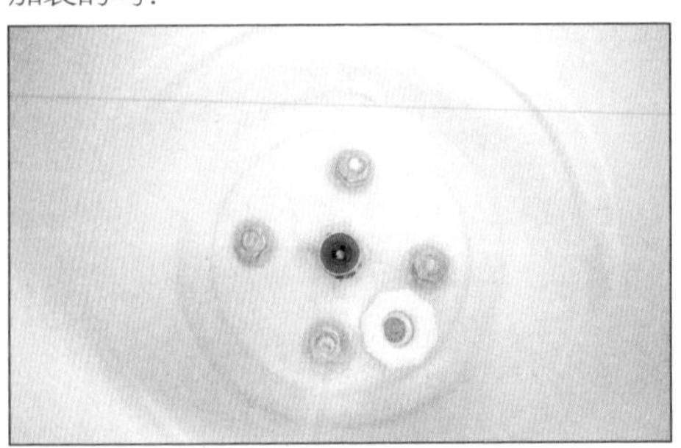

❸ 我们把离合器以及电机固定在外筒上，如图所示，这里要注意电机的 D 型轴，要和离合器的孔相对，不然安装不进去，为了防水，离合器孔以及 4 个 M10 螺丝孔，全部用热熔胶封死。

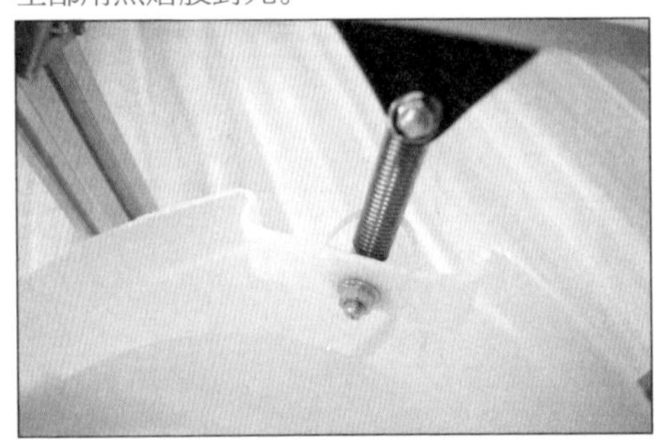

❹ 把外筒悬吊在骨架上，骨架上的三角片是可以滑动的，如果觉得桶歪了，自己调调。脱水桶的安装，相对简单，把法兰固定在桶底，对好位置，插入离合器的转动轴。这时候，波轮轴已经被我灌胶粘在转动轴里面了。

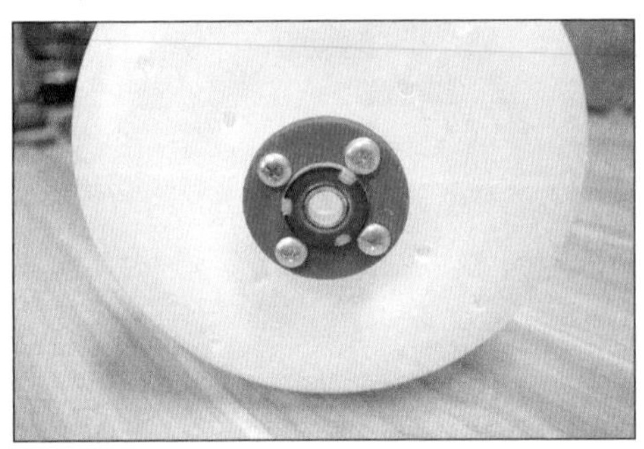

❺ 装入波轮，一道洗袜机的雏形大体出来了。

❻ 根据电气需要，先连接好电机和离合器的控制电路。

❼ 上电运行，用缓慢加速的方式来测试系统的稳定性。发现在速度不稳定的情况下，脱水桶抖动剧烈，有碰壁现象。苦思不得，专业洗衣机们都有平衡环，咱上哪儿弄去？最终无奈，用扎带对脱水桶做了一个限位。效果还行，抖动没那么剧烈了，等转速稳定了，脱水桶也就平稳运行了。

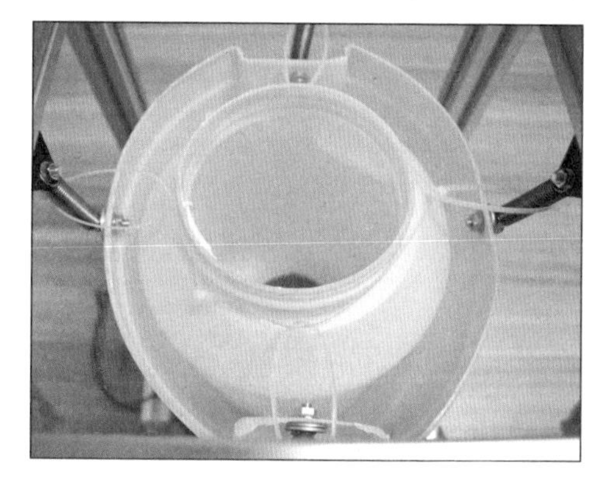

Arduino 1.0.6

File Edit Sketch Tools Help

```
int i=0;
int water_control=0;
//delay(1000) == 1s
void motor_right(int temp)
{
 digitalWrite(1, HIGH);
 digitalWrite(2, LOW);
 for (i=0;i<temp;i++)
 {
  delay(20);
  analogWrite(3, i);
 }
}
void motor_left(int temp)
{
 digitalWrite(1, LOW);
 digitalWrite(2, HIGH);
```

上一块白布清洗前后的对照图（见图18.22），白布曾在泥土里面滚了一圈。

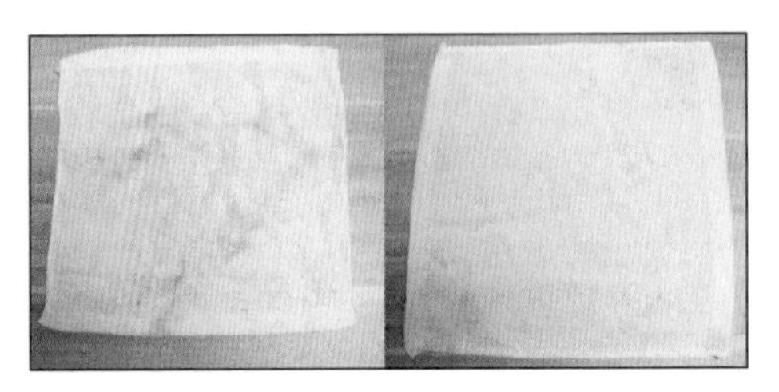

■ 图 18.22　左边是清洗前的，右边是清洗后的

因为实现自动上水、排水、水位限制功能的电路还在制作过程中，所以清洗时间不长，清洗+脱水大概10min，不能完整地跑一圈（主要我懒得频繁倒水）。目前已经完成的电路如图18.23所示。期待我把更完整的电路部分做好，再来和大家分享吧。

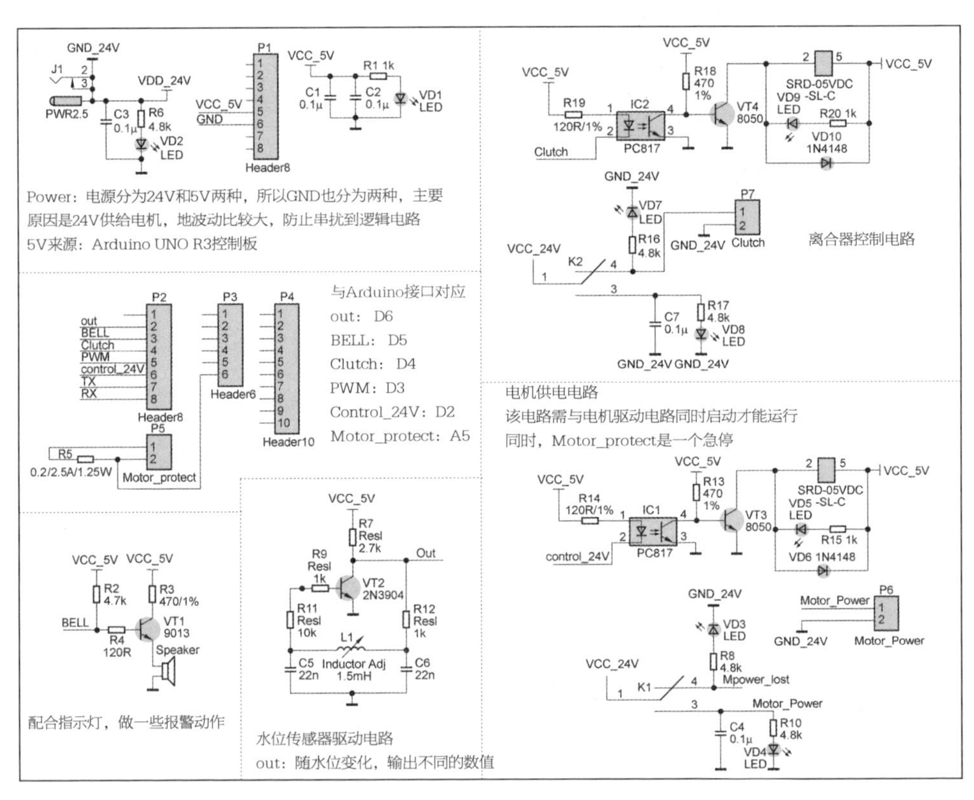

■ 图 18.23　外设电路原理图，为防止击穿及电气干扰，大电流电路使用光耦以及继电器隔离，让模数电路分开，控制电路使用的是 Arduino UNO R3

用桌面级 3D 打印机设计制作洗鞋机

◇刘丰

洗鞋是一件很烦人的事情，一定困扰着很多人。而笔者用3D打印机和Arduino成功解决了这一难题，没看错，就是用无所不能的3D打印机。这下妈妈再也不怕我洗鞋累了，哈哈。想要知道是怎么做到的，请接着往下看。

整个过程是用3D建模软件设计出洗鞋机的各部分结构件，利用3D打印机打印出机器的机械结构部分，之后用Arduino和一些常用的传感器、电机驱动模块来组成洗鞋机的控制电路部分。经过机械和电子的巧妙结合，一台科技感爆棚的洗鞋机就诞生了（见图19.1）！

首先构思机器的工作原理，然后设计零件。图19.2所示是洗鞋机部分零件的3D模型，笔者使用的3D建模软件是NX，也叫UG，是一个广泛应用于机械设计、模具制造行业的软件。同类的软件有很多，理论上可以3D建模的软件都可以用来画3D打印用的模型，大家可以根据自身情况去选择。

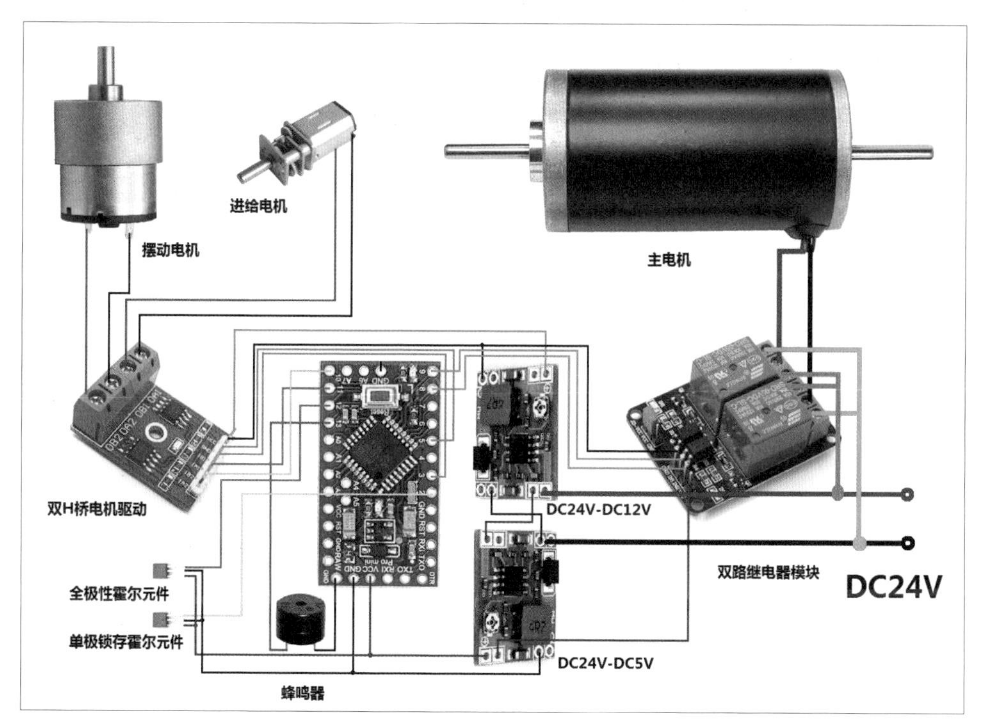

■ 图 19.1 洗鞋机的模块连接示意图

设计好3D模型之后就简单了，导出为STL格式的文件并用上位机软件切片成3D打印文件，然后就可以用3D打印机打出来了。图19.3所示是打印好的零件，右下角是用自己DIY的电火花钻孔机加工不锈钢工件的图片，整个电火花机的机械部分，大部分也是用3D打印机制作的，电路部分用了一个60V的电动自行车充电器、一个空调电容、一节1000W的电炉丝。介绍电火花钻孔机的原理和DIY教程有很多，有兴趣的朋友可以找相关资料动手DIY一个，有了这个东西，自己在家也能钻出尺寸精度高的孔来。

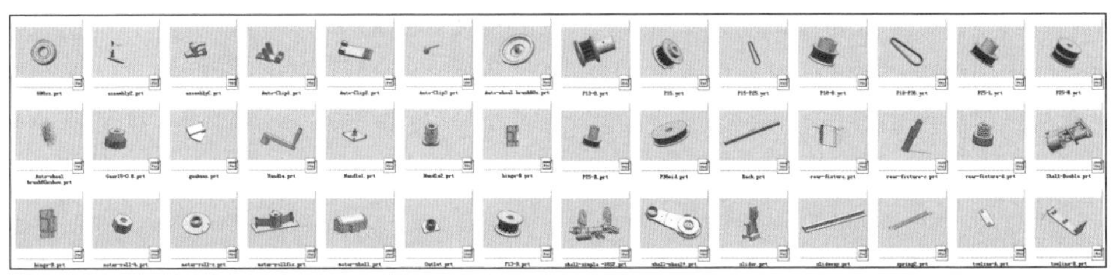

■ 图 19.2　洗鞋机部分零件的 3D 模型

■ 图 19.3　打印好的零件

大多数零件用2~3h就能打印完成，图19.4所示的这个零件比较大，实际打印时间长达13.8h，由于零件较高、支撑复杂，清除墙和支撑材料容易开裂变形，整个过程需要随时看护，并用热熔胶修补支撑和清除墙。

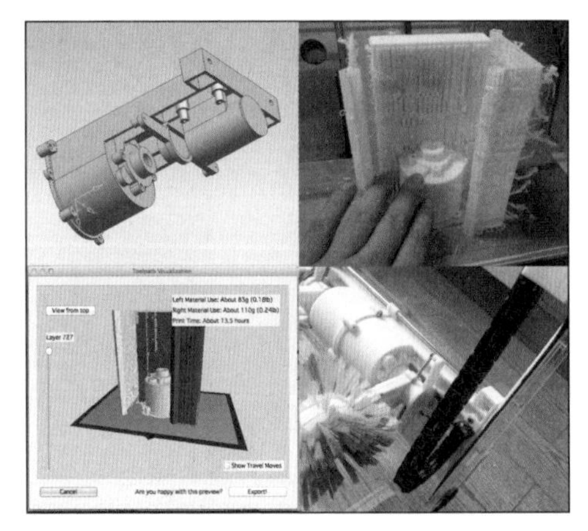

■ 图 19.4　洗鞋机中最大的 3D 打印零件——电机外壳

19.1 洗鞋机的结构与原理讲解

打印好的零件经过必要的处理，例如去除支撑、打磨、扩孔、攻丝等步骤，便可以装配起来了，机械部分的装配过程如图19.5所示。图19.6、图19.7所示是装配好的洗鞋机，整个洗鞋机上使用了75个3D打印零件，耗费PLA材料580g、ABS材料141g，总共花费了97h的时间来打印。为了方便展示内部各个机构的运行状况，机壳用透明的亚克力板粘合而成。大多数零件使用PLA材料打印，因为这种材料收缩率低，打印稍大的零件不会变形、翘边；而ABS材料容易用化学方法抛光，主要用在同步带轮、刷轮等需要表面处理的地方。

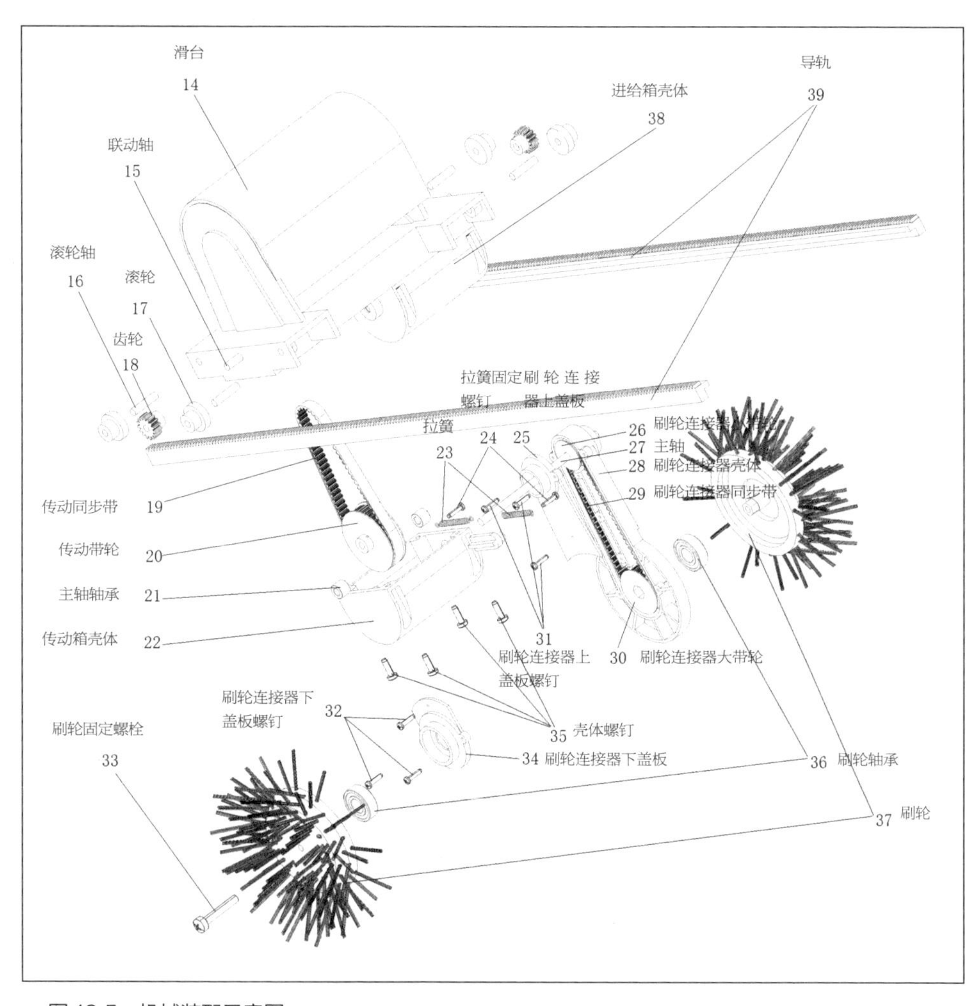

■ 图 19.5 机械装配示意图

■ 图 19.6　装配完成的洗鞋机

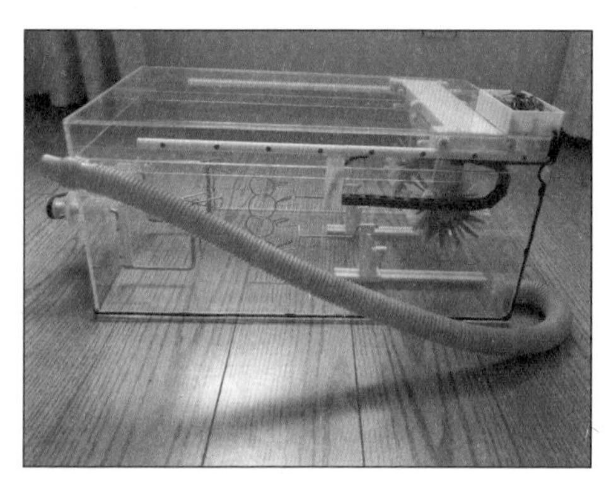

■ 图 19.7　洗鞋机侧面

从图19.7侧面可以看到机箱上盖两侧有齿条导轨，进给电机推动滑台在导轨上前后移动，滑台内部有主电机，主电机带动刷轮旋转；使用洗鞋机时把鞋固定在夹具上，摆动电机和夹具连接，带动夹具和鞋摆动；控制电路内的程序通过传感器的反馈信息，同时控制刷轮的旋转方向、滑台移动方向、夹具的摆动方向，从而完成洗鞋过程。整个过程依靠滑台摆臂和刷轮的机械自适应和单片机辅助控制，在整个过程中，刷轮能够精准贴合鞋内外表面刷洗，还可以将鞋舌推出鞋口，将鞋舌正反面清洗干净。

图19.8所示是整个机器的核心部分——滑台，除了黑色的尼龙拖链和金属件，其余部分都是由3D打印零件构成的。中间的圆柱体内部有一个电机，用来带动图中的刷轮以800r/min左右的转速运转。这个速度是手工刷鞋的数十倍，并且完全不用担心刷毛会伤到鞋，因为刷轮上的刷毛用的是牙刷级的细软刷毛，同时具有高弹性，能够深入鞋子的细微缝隙里清除各种污渍。

■ 图 19.8　洗鞋机的核心——滑台

图19.9所示为摆动机构，它带动夹具夹着鞋摆动，右侧同步带下方较大的圆盘上的不同位置安装有永磁体，对应位置有一个单极锁存型的霍尔元件，一会儿我们到了电路和程序部分再说明它的具体作用。

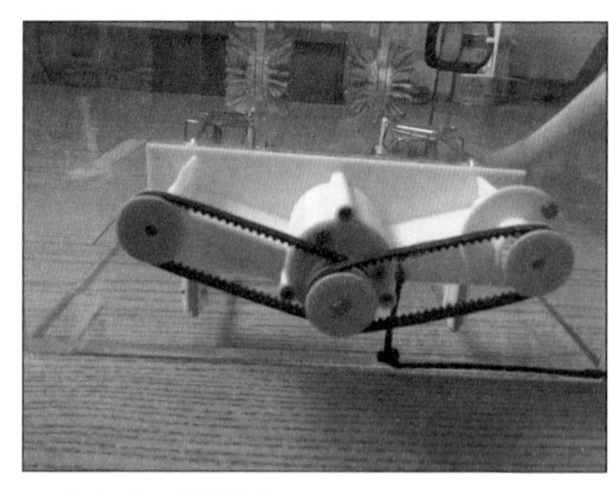

■ 图 19.9　摆动机构

从图19.10中可以看到与摆动装置相连

接的夹具，虽然看起来结构略显复杂，但是用起来非常顺手。

洗鞋机的铰链部分（见图19.11），同样是采用3D打印机制作的，突起的部分能使上盖打开时刚好张开合适的角度，而不会倒向后方。

■ 图 19.10　洗鞋机内部的夹具

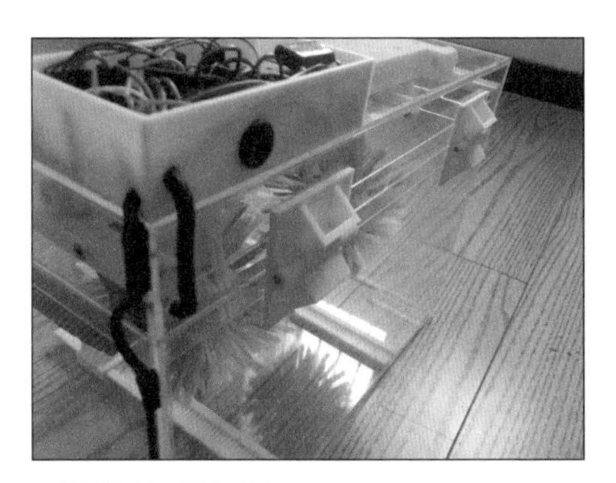

■ 图 19.11　铰链部分

完成了机械部分的装配工作，洗鞋机还需要用来指挥这些结构的控制电路，图19.12所示是洗鞋机的控制电路。左侧红色的板子是两个L9110 H桥电路，分别驱动摆动装置电机和控制滑台前后移动的进给电机，H桥电路通过PWM和蓝色的Arduino Pro mini控制板（左二）连接，因此摆动电机和前后进给电机都可以实现速度、方向的调节。由于找到的主电机电压为24V，而进给电机电压为12V，单片机电压又是5V，所以我在单片机右侧增加了两个DC-DC模块，将24V电压降至12V和5V。如果找到合适的电机，就可以省掉这两个模块，改用一个三端稳压器给单片机供电即可。最右侧是一个双路单刀双掷继电器模块，用来控制电机的正反转，中间的红色电容用于减少电机启动瞬间电刷火花的干扰。其实最好的方法是用一个大功率的H桥电路来代替继电器模块，这样通过PWM让电机软启动，就可以做到防止干扰并大大缩小电路板的尺寸，而且在洗鞋机工作时就不会听到继电器的“啪啪”声了。

■ 图 19.12　洗鞋机的控制电路

在电路板上还有一个蜂鸣器，用来做简单的交互：当机器启动时，蜂鸣器会短鸣；而洗鞋完成后，蜂鸣器会连续长鸣几声提示。

另外单片机上连接了两个霍尔传感器，一个是前面提到过的摆动电机上的单极锁存型霍尔元件（图19.13中右侧圆盘的下方的黑色元件），这个霍尔元件用来检测鞋子旋转的角度。它的选型和用法比较特殊。在圆盘靠近边缘的位置有两个不同磁极的磁铁，首先电机正转，当圆盘转动到N极磁铁对应霍尔元件时，霍尔元件改变为低电平，单片机控制电机反向转动；这时圆盘往回转动，直到圆盘转动到S极磁铁对应到霍尔元件时，霍尔元件变为高电平，转向再次改变。只要定义单片机高电平正转、低电平反转，电机就能够带动夹具夹着鞋一直在这个扇形区域来回摆动了；当重新定义为低电平正转、高电平反转后，圆盘将会跨越一个磁铁，进入另一个扇形范围内摆动，这就是洗鞋机切换刷洗外表面和内表面的原理，结合合适的硬件，就能把代码变得更为简洁。

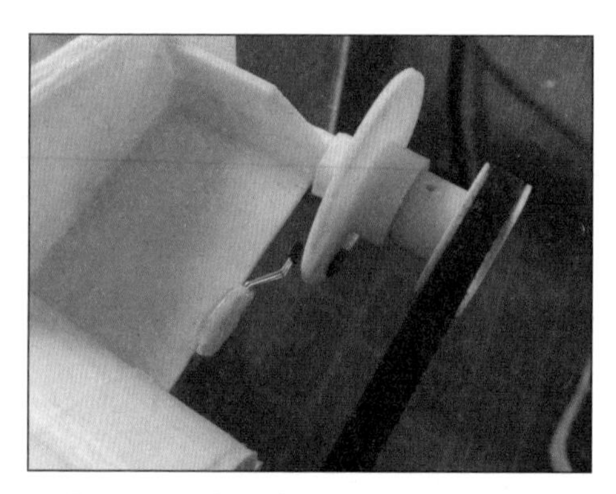

■ 图 19.13　霍尔元件

另一个是普通的全极性霍尔元件，位于滑台一侧靠近导轨的地方。导轨前后各有一个永磁体，对应滑台前后的极限位置，当滑台运动到这两个位置时，霍尔元件会产生低电平信号，单片机根据这个信号判断滑台运行的位置，从而做出相应的控制行为。之所以选用霍尔传感器，原因是霍尔元件是非接触的，更容易密封，从而具备防水性能，并且单机锁存型霍尔元件和全极性霍尔元件都属于数字信号传感器，不会像机械开关一样要用电路和程序配合消除抖动，大大降低了电路和代码的复杂程度。

由于笔者没找到电压为24V的放水电磁阀，因此暂时没有加入自动进水、排水的功能，未来还考虑加入自动添加洗涤剂的功能，毕竟单片机上还有将近一半I/O没有使用，再加几行代码就很容易把自动化程度提高更多。

19.2　Arduino 编程

电路连接完成后，给Arduino编写程序，编译环境用的是Arduino IDE，编译完成后可以直接上传，如图19.14所示。

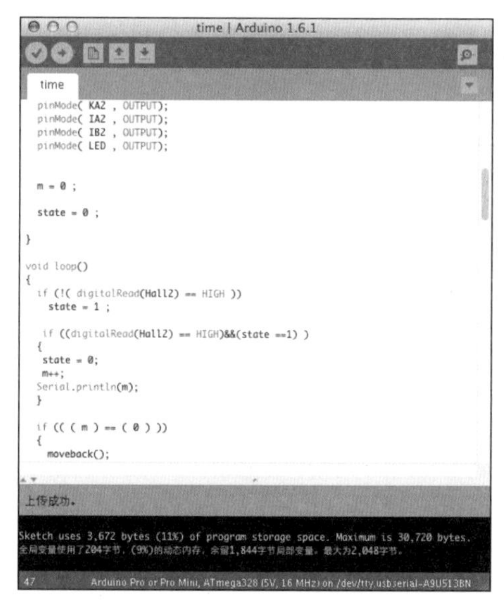

■ 图 19.14　编写 Arduino 程序

程序很简单，总共用了170多行代码，实现了开机自检、蜂鸣提示、自动复位、运行/结束的过程控制。程序写入单片机里后，机器就能正常工作了，最后我们来验证一下这台机器工作效果怎么样。

19.3 鞋的清洗过程

❶ 将鞋放入洗鞋机的夹具里。

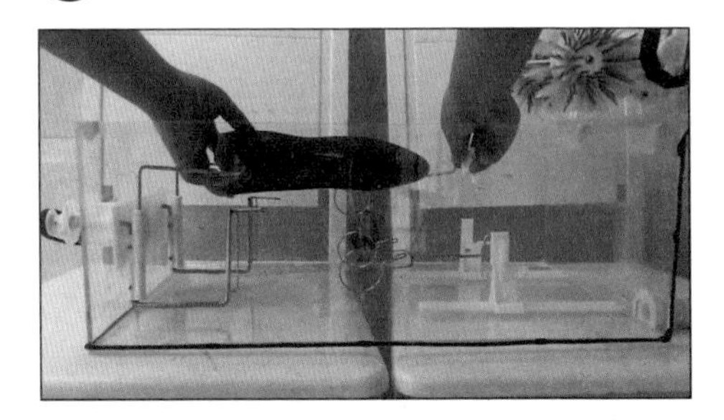

❷ 洗鞋机清洗鞋外表面。

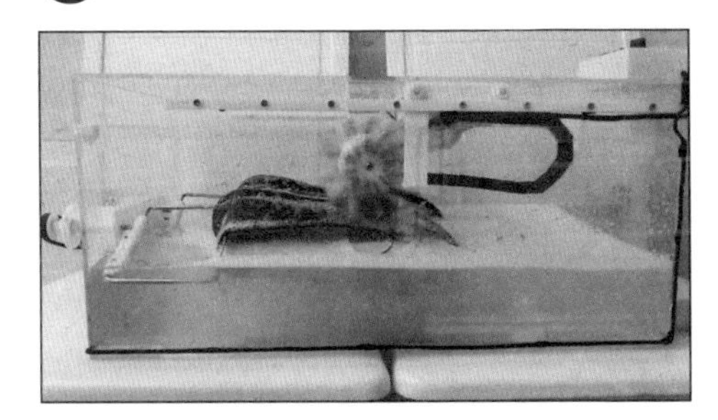

❸ 刷轮绕过夹具清洗鞋后跟。

❹ 清洗鞋内表面。

❺ 清洗鞋垫。

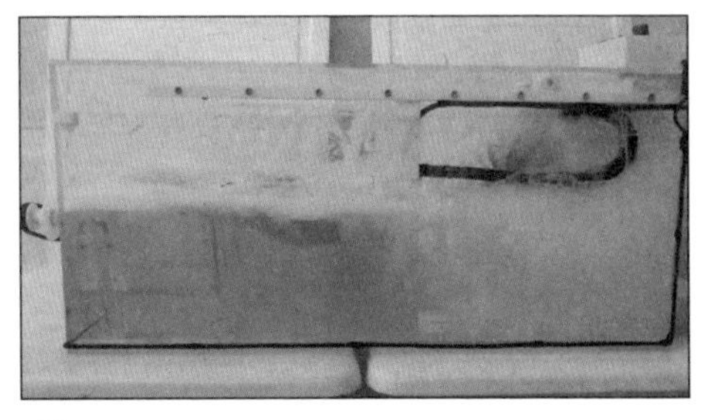

❻ 洗鞋机将运动鞋鞋舌拨出鞋口。

通过一段时间的测试，这台洗鞋机几分钟就能洗干净一双运动鞋，刷洗过程非常轻柔，使用效果非常理想。这台洗鞋机采用了一个比较精细化、高效率的设计思路，所以功率能够控制在20~30W，是洗衣机功率的1/10，并且非常节约用水。它具有简单可靠的机械自适应结构和较小的体积，在成本控制方面也具有一定的优势。

这个项目从开始策划到完成Demo，历时两年，中间经历过种种困难，每个零件都需要经过很多次设计—打印—验证的过程，通常一个零件可能需要变更很多次设计；每个零件打印完还需要花费很多时间去拆除支撑、打磨，有些还需要抛光；而经常在辛辛苦苦制作出一个原型机后发现机器并不能达到预期的要求，于是推倒原先的设计方案全盘重来（废弃的零件见图19.15）。设计这个机器总共消耗4kg PLA材料和3kg ABS

材料，总共打印时长超过850h。两年里，更多的时间则花在了设计、3D建模、手工处理工件上面，几乎天天都在弄这个机器。

这个项目的机械结构设计、电子电路、零件打样等所有过程全部由笔者一个人独立完成。在这个过程中，笔者遇到了很多困难，但同时也学到了很多东西，这次设计洗鞋机的过程给笔者带来的不仅仅是技术层面的提升，对人生也是有很大帮助的。技术不仅仅是技术，同时也是一种修炼，静下心来专注去做一件事，能让人变得更加沉稳、坚韧并敢于挑战自我。

■ 图 19.15　废弃的零件

低成本打造 Booby 家庭服务机器人

◇轩辕文成

我是大二的学生，偶然间接触了Arduino，从此一发不可收拾，做过激光雕刻机、智能小车等有意思的东西。大一下半学期的暑假是一个很好的机会，能够深入学习Arduino，于是我决定设计制作一种家庭服务机器人，恰逢Arduino中文社区举办了开源硬件开发大赛，我便报名参加了比赛。这款机器人的灵感来源于《机器人总动员》中的瓦力，作为家庭服务机器人，初步决定加入履带底盘、可夹持机械手、视频传输、语音识别与交流、短信报警、LED点阵眼睛等功能。系统框图如图20.1所示，Wi-Fi控制程序框图如图20.2所示，制作所需的元器件见表20.1。

表 20.1 需要的元器件

名称	数量
MG995 舵机	7
蜗轮蜗杆减速电机	2
Arduino 最小系统板	4
12V 电源	2
亚克力板（300mm × 200mm）	4
TP-LINK703N 路由器	1
短信模块	1
语音模块	1
烟雾传感器	1
机械手	1
同步带及同步带轮	2 套
l9110 模块（用于驱动气泵）	1
微型气泵（用于控制气动吸盘）	1

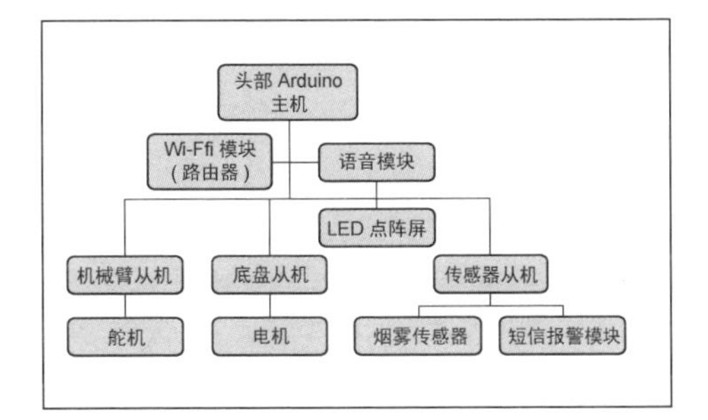

■ 图 20.1 系统框图

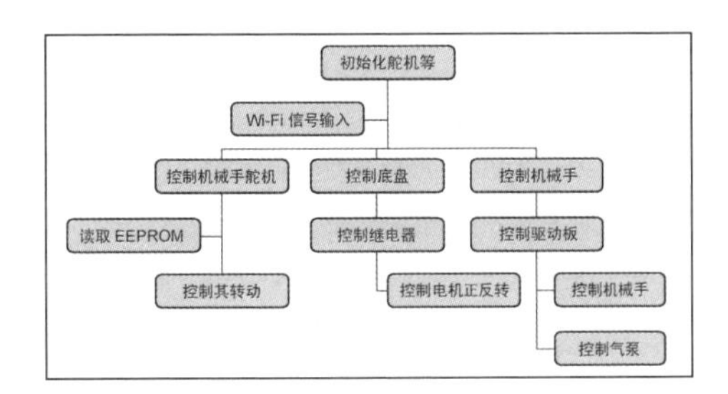

■ 图 20.2 Wi-Fi 控制程序框图

20.1 履带底盘的设计

为了适应家庭环境中可能出现的门槛、地毯和花园草地等环境，我决定采用全金属结构的底盘（见图20.3），这样底盘稳定一些，其他部件也都容易装配。金属结构的底盘在重量上也占有很大的优势，为了减少通过障碍时对车体本身的振动，我设计了一套悬挂系统来缓冲，悬挂系统由4个摇臂和弹簧构成，每个摇臂可以单独运动，类似于独立悬挂。

■ 图 20.3 履带底盘

驱动采用履带传动，我比较了网上的各种玩具履带配件，发现普遍价格偏高且材质较脆，不适合大动力的驱动，于是采用了二手的汽车正时皮带作为履带，后来测试发现同步带作为履带行走起来十分稳定。

主动力为两个蜗轮蜗杆减速电机，动力十足，而且由于蜗轮、蜗杆自锁的特性，即使是45° 斜坡也不会滑下，可以适应多种特殊路况，甚至是石子路等复杂路况。电机驱动板（见图20.4）采用继电器控制，因为普通的MOS管组成的H桥驱动电路输出电流太小且发热较严重，无法满足底盘的驱动要求，故采用继电器控制电路控制电机，每一路信号都做光耦隔离，同时成本低、易维护。

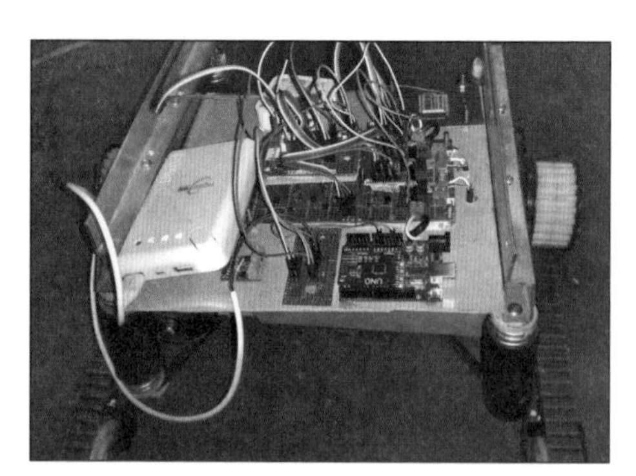

■ 图20.4 电机驱动电路（左上为光耦隔离电路，右上为单片机控制电路，下方为继电器控制电路）

20.2 机械臂的设计

为了实现抓取物品和动作交互娱乐等功能，我们制作了一种类似于桌面码垛机器人的机械手，采用舵机作为动力来源，使用Arduino进行控制。画好三维图纸（见图20.5），导出二维图纸（见图20.6），先用廉价的木板切了一套（见图20.7）验证效果，发现效果很好，于是换用亚克力板加工（见图20.8），一左一右共两只，镜像安装(见图20.9)。最后一只手上装了夹子，另一只手上装了吸盘。对于机械臂的远程控制，采用2.4GHz无线控制，使用nRF2401模块传输数据。为了更方便控制机械臂，我制作了一个同步摇杆来控制机械手（见图20.10），这个摇杆就是缩小版的机械手，只是舵机的位置换成了电位器，其他的连杆结构的比例与机械臂基本相同，这样操控起来就比较简单。

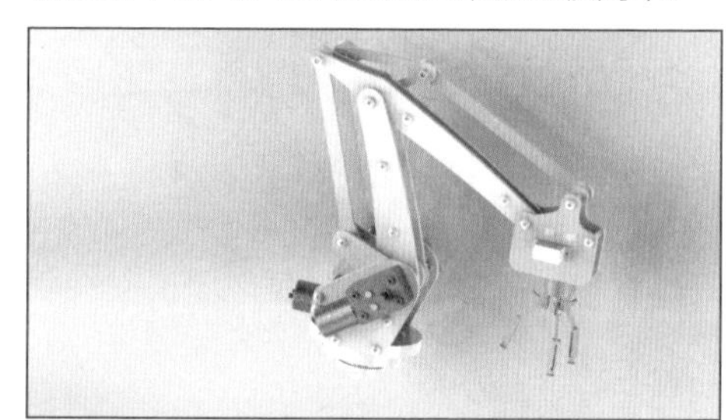

■ 图 20.5 机械臂三维图纸

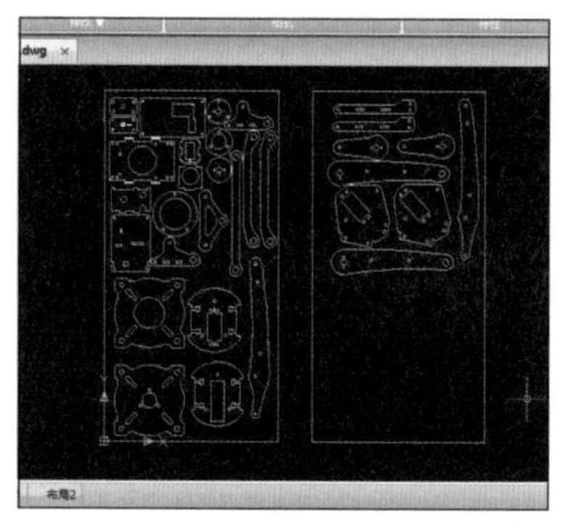

■ 图 20.6 机械臂二维图纸

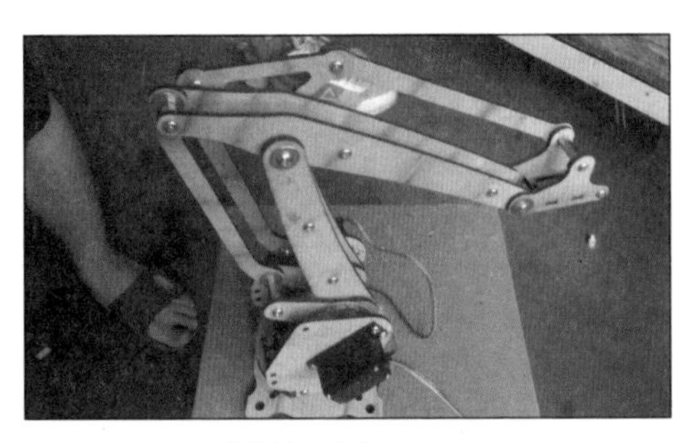

■ 图 20.7　木制的机械臂

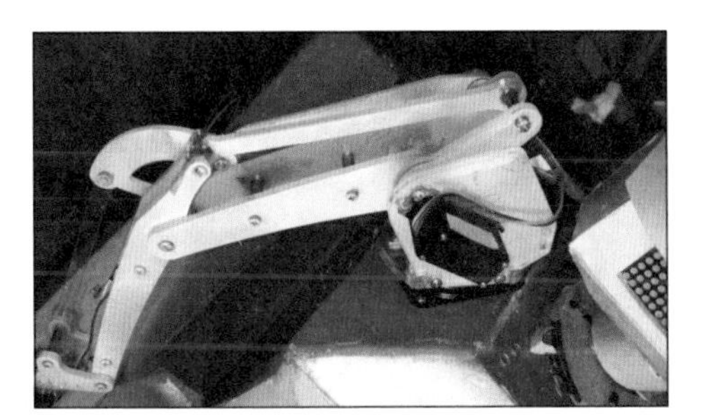

■ 图 20.8　亚克力机械臂

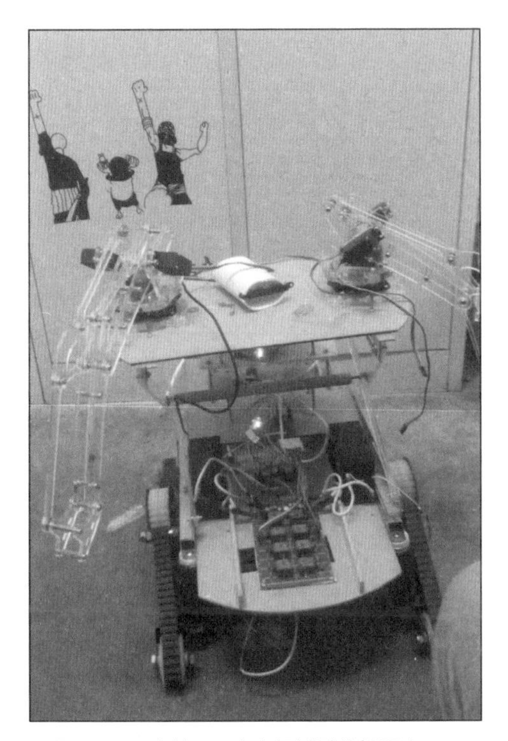

■ 图 20.9　安装了亚克力机械臂的机器人

■ 图 20.10　同步摇杆遥控器

20.3　机械臂测试程序

```
#include <Servo.h>
#include <EEPROM.h>
Servo servo1;
Servo servo2;
Servo servo3;
byte angle1;
byte angle2;
byte angle3;
int buffer1[3];
int rec_flag;
int serial_data;
int Uartcount;
unsignedlong Pretime;
unsignedlong Nowtime;
unsignedlong Costtime;
void setup() {
  Serial.begin(9600);
  servo1.attach(9);
  servo2.attach(10);
  servo3.attach(11);
  angle1=EEPROM.read(0x01);
  angle2=EEPROM.read(0x02);
  angle3=EEPROM.read(0x03);
  servo1.write(angle1);
  servo2.write(angle2);
  servo3.write(angle3);
}
void loop()
{
  while(1)
  {
   Get_uartdata();   //读取串口数据
   //UartTimeoutCheck();
  }
```

```
}
void Communication_Decode()
{
if(buffer1[0]==0x01)// 舵机命令
    {
      if(buffer1[2]>180)return;
      switch(buffer1[1])
      {
         case 0x07:angle1=buffer1
[2];servo1.write(angle1);return;
         case 0x08:angle2=buffer1
[2];servo2.write(angle2);return;
         case 0x09:angle3=buffer1
[2];servo2.write(angle2);return;
         default:return;
       }
      }
      else if(buffer1[0]==0x32)
      // 保存命令
      {
      EEPROM.write(0x01,angle1);
      EEPROM.write(0x02,angle2);
      EEPROM.write(0x03,angle3);
      return;
       }
}
void Get_uartdata()
{
  staticint i;
  if(Serial.available()>0)
  {
   serial_data=Serial.read();
  if(rec_flag==0)
    {
     if(serial_data==0xff)//
ff000100ff
    {
      rec_flag=1;
      i=0;
      }
    }
    else
    {
      if(serial_data==0xff)
      {
       rec_flag=0;
       if(i==3)
       {
         Communication_Decode();
         }
         i=0;
       }
     else
       {
         buffer1=serial_data;
         i++;
         }
       }
    }
  }
```

20.4 视频传输功能的设计

为了节省成本，我使用了自带MP4格式转码的网络摄像头（二手苹果笔记本电脑拆机摄像头）作为图像采集来源，分辨率为720p,采集的高清图像通过Wi-Fi模块发送到手机、平板电脑等可以处理Wi-Fi信号的移动终端。Wi-Fi模块由常见的二手TP-link 703n改装而成，该路由器使用强大的ARM内核，具有32MB的RAM和16MB的ROM，可以轻松胜任视频解码和传输的要求。在作为Wi-Fi模块之前，要重刷路由器的Bootloader,刷入开源的OpenWrt固件，该固件基于Linux系统，可以实现对路由器的控制。OpenWrt的包管理提供了一个完全可写的文件系统，允许自定义设备，以适应任何应用程序。我还将路由器的串口外接（见图20.11），以便在传输图像（见图20.12）的同时能够传输数据、控制机电设备。

■ 图 20.11　好串口线的路由器

■ 图 20.12　视频传输测试

20.5　语音交流及眼睛动作的设计

语音识别及发声使用的是现成的语音模块（见图20.13），识别后有返回值，Arduino最小系统（见图20.14）根据返回值给予不同的回应即可，在此不再赘述。同时，根据返回值控制8×8点阵模块显示不同的图案就行（见图20.15）。

■ 图 20.13　语音模块及 Arduino 最小系统板

■ 图 20.14　Arduino 最小系统板

■ 图 20.15　眼睛显示效果

20.6　眼睛控制程序

```
#include “LedControl.h”
//pin 12 is connected to the
DataIn
//pin 11 is connected to the CLK
//pin 10 is connected to LOAD
LedControl
lc=LedControl(3,4,5,1);
```

```
LedControl
bc=LedControl(6,7,8,2);
unsignedlong delaytime=100;
voidsetup() {
  lc.shutdown(0,false);
  lc.setIntensity(0,5);
  lc.clearDisplay(0);
  bc.shutdown(0,false);
  bc.setIntensity(0,5);
  bc.clearDisplay(0);
}
void writeArduinoOnMatrix() {
  byte a[8]={B00111100,B01000010,
B10011001,B10111101,B10111101,B1
0011001,B01000010,B00111100};
  byte b[8]={B00000000,B00011000,
B01100110,B10011001,B10011001,B0
1100110,B00011000,B00000000,};
  byte c[8]={B00000000,B00000000,
B00000000,B11111111,B11111111,B0
0000000,B00000000,B00000000,};
  byte d[8]={B11101010,B10001010,
B11101010,B10001110,B01110101,B0
1000110,B01000110,B01110101,};
  delay(300);
  lc.setRow(0,0,b[0]);
  lc.setRow(0,1,b[1]);
  lc.setRow(0,2,b[2]);
  lc.setRow(0,3,b[3]);
  lc.setRow(0,4,b[4]);
  lc.setRow(0,5,b[5]);
  lc.setRow(0,6,b[6]);
  lc.setRow(0,7,b[7]);
  bc.setRow(0,0,b[0]);
  bc.setRow(0,1,b[1]);
  bc.setRow(0,2,b[2]);
  bc.setRow(0,3,b[3]);
  bc.setRow(0,4,b[4]);
  bc.setRow(0,5,b[5]);
  bc.setRow(0,6,b[6]);
  bc.setRow(0,7,b[7]);
  delay(delaytime);
  lc.setRow(0,0,c[0]);
  lc.setRow(0,1,c[1]);
  lc.setRow(0,2,c[2]);
  lc.setRow(0,3,c[3]);
  lc.setRow(0,4,c[4]);
  lc.setRow(0,5,c[5]);
  lc.setRow(0,6,c[6]);
  lc.setRow(0,7,c[7]);
  bc.setRow(0,0,c[0]);
  bc.setRow(0,1,c[1]);
  bc.setRow(0,2,c[2]);
  bc.setRow(0,3,c[3]);
  bc.setRow(0,4,c[4]);
  bc.setRow(0,5,c[5]);
  bc.setRow(0,6,c[6]);
  bc.setRow(0,7,c[7]);
  delay(300);
  lc.setRow(0,0,c[0]);
  lc.setRow(0,1,c[1]);
  lc.setRow(0,2,c[2]);
  lc.setRow(0,3,c[3]);
  lc.setRow(0,4,c[4]);
  lc.setRow(0,5,c[5]);
  lc.setRow(0,6,c[6]);
  lc.setRow(0,7,c[7]);
  bc.setRow(0,0,c[0]);
  bc.setRow(0,1,c[1]);
  bc.setRow(0,2,c[2]);
  bc.setRow(0,3,c[3]);
  bc.setRow(0,4,c[4]);
  bc.setRow(0,5,c[5]);
  bc.setRow(0,6,c[6]);
  bc.setRow(0,7,c[7]);
  delay(300);
  lc.setRow(0,0,b[0]);
  lc.setRow(0,1,b[1]);
  lc.setRow(0,2,b[2]);
  lc.setRow(0,3,b[3]);
  lc.setRow(0,4,b[4]);
  lc.setRow(0,5,b[5]);
  lc.setRow(0,6,b[6]);
  lc.setRow(0,7,b[7]);
  bc.setRow(0,0,b[0]);
  bc.setRow(0,1,b[1]);
  bc.setRow(0,2,b[2]);
  bc.setRow(0,3,b[3]);
  bc.setRow(0,4,b[4]);
  bc.setRow(0,5,b[5]);
  bc.setRow(0,6,b[6]);
  bc.setRow(0,7,b[7]);
  delay(delaytime);
  lc.setRow(0,0,a[0]);
  lc.setRow(0,1,a[1]);
  lc.setRow(0,2,a[2]);
  lc.setRow(0,3,a[3]);
  lc.setRow(0,4,a[4]);
```

```
  lc.setRow(0,5,a[5]);
  lc.setRow(0,6,a[6]);
  lc.setRow(0,7,a[7]);
  bc.setRow(0,0,a[0]);
  bc.setRow(0,1,a[1]);
  bc.setRow(0,2,a[2]);
  bc.setRow(0,3,a[3]);
  bc.setRow(0,4,a[4]);
  bc.setRow(0,5,a[5]);
  bc.setRow(0,6,a[6]);
  bc.setRow(0,7,a[7]);
  delay(300);
  lc.setRow(0,0,a[0]);
  lc.setRow(0,1,a[1]);
  lc.setRow(0,2,a[2]);
  lc.setRow(0,3,a[3]);
  lc.setRow(0,4,a[4]);
  lc.setRow(0,5,a[5]);
  lc.setRow(0,6,a[6]);
  lc.setRow(0,7,a[7]);
   bc.setRow(0,0,a[0]);
  bc.setRow(0,1,a[1]);
  bc.setRow(0,2,a[2]);
  bc.setRow(0,3,a[3]);
  bc.setRow(0,4,a[4]);
  bc.setRow(0,5,a[5]);
  bc.setRow(0,6,a[6]);
  bc.setRow(0,7,a[7]);
  delay(300);
}
voidloop() {
  writeArduinoOnMatrix();
}
```

20.7 短信报警功能的设计

短信报警功能只需要读取烟雾传感器的模拟值，并与安全范围进行比较，在超过范围时触发报警机制即可。短信模块使用的是从网上购买的廉价短信模块套件（见图20.16），需要自己焊接，驱动程序如下。

■ 图 20.16 短信模块

```
Void setup()
{
  Serial.begin(9600);
  Serial1.begin(9600);
}
void loop()
{
  Serial1.println( “AT” );
  delay(100);
  while(Serial1.available())
  {
    char c=Serial1.read();
    Serial.write(c);
    if(c==’ K’ )
   {
    Serial1.println("AT+CMGF=1");
    delay(100);
    while(Serial1.available())
    {
      char c=Serial1.read();
      Serial.write(c);
      if(c==’ K’ )
```

```
        {
        Serial1.println("AT+CMGS=\
"替换成需要发送短信的手机号码\"");
        delay(100);
        while(Serial1.available())
          {
           char c=Serial1.read();
           Serial.write(c);
           if(c=='>')
           {
             Serial1.println("CNM");
             delay(100);
             Serial1.println("32");
             while(Serial1.available())
             {
               char c=Serial1.read();
               Serial.write(c);
             }
           }
          }
        }
      }
     }
    }
   delay(2000);
 }
```

20.8 总结

通过制作该机器人（见图20.17），我学到了电路设计、硬件制作、三维制图、软件编程等很多知识，这一代作品只是摸索经验，下一代会做得更好，我会在学习中进步，做出更棒、更有价值的东西。

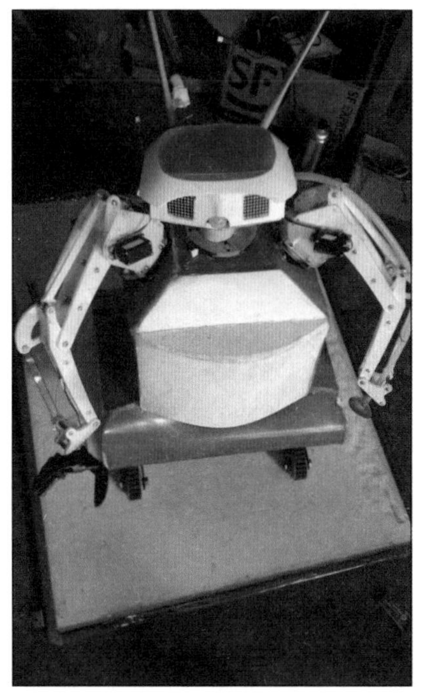

■ 图 20.17 制作完成的机器人

机械臂测试视频链接

http://v.youku.com/v_show/id_XMTI5NTg2NDk2MA==.html

语音对话及底盘运动测试链接

http://v.youku.com/v_show/id_XMTM1NDQ1NDU4OA==.html